Ihre Arbeitshilfen zum Download

Die folgenden Arbeitshilfen stehen für Sie zum Download bereit:

Das-kann-ich-besser-Übungen

- Übung 1: Reframing der inneren Kritikerin
- Übung 2: Was ich vom neuen Arbeitsplatz erwarte
- Übung 3: Nach welchen Spielregeln möchten Sie spielen?
- Übung 4: Der Konstruktive Innere Dialog (KID)
- Übung 5: Besser texten lernen
- Übung 6: Karteikarten-Sparring
- Übung 7: Trotz und Charakterstärke
- Übung 8: Verhandeln im Alltag
- Übung 9: Mit Menschen können
- Übung 10: Die eigenen Wünsche ergründen
- Übung 11: Wünschen, nicht erwarten

Erfolgreich bewerben für Frauen

Inhaltsverzeichnis

Vorwort: Vom kleinen Unterschied 11

1   Wann können Sie anfangen? 15
      Wir bewerben uns oft zu spät 15
      Selbstkritik fesselt, Reframing befreit 16
      Was wir lieben, lässt uns los: Würdigung 19
      Gute Gründe zu bleiben 21
      Kennen Sie eine Frau, die Zeit hat? 22
      Niemand isst die Salami am Stück 23
      Das Autoritäts-Syndrom 24
      Lass dich nicht aufhalten! 25
      Was zu tun ist: Zwischenzeugnis 27
      Selber schreiben! 29
      Von Foto bis PDF 31
      Ich suche überall nach dir! 32
      Was willst du eigentlich? 33
      Leben ist Bewegung 34

2   Ein Traumjob ist besser, als perfekt zu sein 35
      Wir bewerben uns zu selten 35
      Frauen spielen nach anderen Regeln 36
      Kennen Sie die richtigen Spielregeln? 37
      Vergessen Sie die falschen Regeln! 38
      Die oberste Spielregel lautet: Bewerben! 39
      »So weit bin ich noch nicht!« 40
      Das Impostor-Syndrom 41
      Self-Appreciation: Eigenlob stimmt! 42
      Nie wieder Bewerbungsfrust 44
      Die legendäre Solidarität unter Frauen 46
      Und die mangelnde männliche Solidarität 47
      Keine Eintagsfliegen-Bewerbung! 49
      »Wieder nichts für mich dabei!« 49
      Self-Talk: Tu dir selber gut! 50
      Selbstbewusstsein für Fortgeschrittene 51
      Wieder reinkommen 52
      Das Stehauffrauchen 53

Inhaltsverzeichnis

3 Wie schreibt man das bloß? Ihre schriftliche Bewerbung 55
- Schreibfrust? Ganz normal 55
- Die erste Regel: Bitte fehlerfrei 56
- Für die Solistin 58
- Wenn Sie überzeugt sind, überzeugen Sie auch 58
- Der verflixte erste Satz 60
- »Sie suchen eine …« 61
- Wie Frauen ausgetrickst werden 62
- Lob die Firma! 63
- Standardformulierungen 64
- Beantworten Sie die Frage nach dem Warum 65
- »Kann ich *2 Jahre Mutter* schreiben?« 66
- Männerwörter, Frauenwörter 67
- Ihre Online-Bewerbung 69
- Rätsel im Lebenslauf: Positiv reframen! 70
- Gehen Sie ran wie Blücher 72
- Wie sieht die perfekte Bewerbung aus? 73
- Frag doch mal! 74
- Self-Coaching 76
- Eine gute Zeit 77

4 Spielen statt Grübeln: So bereiten Sie das Vorstellungsgespräch vor 79
- Die Lampenfieber-Soforthilfe 79
- Fragen nicht fürchten, sondern durchspielen 80
- Alle Fragen dieser Welt 82
- Fiese Fragen 87
- Ihre fiesen Fragen 89
- Den Worst Case denken 90
- Das ging leider voll daneben 92
- Nach so langer Pause? 92
- What's your Style? 93
- Spielt (k)eine Rolle! 94
- Vorbereitungsverweigerinnen 96

5 Stark und souverän: So führen Sie das Interview 97
- Sie können das doch! 97
- Gesundes Selbstbewusstsein 98
- Die Trotzkopf-Strategie 98
- Kleidung, Make-up, Accessoires 100
- Der erste Eindruck 103
- Stellen Sie Rapport her 104
- Marottenfrei 105

Die Bewerberin von heute traut sich was 106
Gespräch? Stresstest! 108
Sexismus und Überforderung 110
Assessment-Center 111
Systemischer Support 112

6   Die Gehaltsverhandlung 113
    Wie frau sich verdient, was sie verdient 113
    Fordern lernen 114
    Verhandeln heißt nicht streiten 115
    Widersprechen ist nicht Verhandeln....................................... 118
    Die Furcht der Bewerberin vor dem Gehaltswunsch.................... 118
    Wo liegt Ihre Schmerzgrenze? 120
    Die Tricks der Interviewer 121
    Eine Frage des Stils 123
    Verhandeln für Fortgeschrittene 124

7   Sei gut zu dir: Nach dem Gespräch 127
    Das ist wieder mal typisch! 127
    Und wieder: Bitte keine Selbstvorwürfe! 129
    Ich weiß nicht, ob das der richtige Job für mich ist 131
    Humor 132
    Mentalhygiene 133
    Hoffnungslos gibt es nicht! 134
    Exkulpationssucht.. 135
    Nur Absagen! 136
    Nachfassen 137
    Tu doch was! 138

8   Hurra, hier bin ich wieder! Der Wiedereinstieg........................ 141
    Wiedersehen macht Freude? 141
    Seien Sie nicht naiv!... 142
    Die lebenslange Babypause 143
    Wünsche geben Kraft 144
    Fiese Tricks 145
    Kontakt halten 146
    Rechnen Sie nicht mit Dankbarkeit...147
    Rollenverständnis 148
    Die Mutterrolle zu Hause lassen 149
    Hör auf Mutter!..150
    Flexibilität entscheidet.. 151
    Und Gelassenheit 152
    Überzeugungsarbeit... 153

9	Nach der Bewerbung ist vor der Bewerbung: Employability-Pflege!	155
	Es geht nicht um Ihren Lebenstraum	155
	Du redest nie mit mir!	156
	Lebensfragen	157
	Was kann ich tun?	158
	Was meine ich, tun zu müssen?	159
	Werden Sie besser!	159
	Hol dir das Prestige-Projekt!	161
	Schluss mit dem Mädchen für alles	162
	Die Probe-Bewerbung	162
	Netzwerkern Sie!	163
	Bleiben Sie neugierig!	165
	In meinem Alter?	166
	Fordern Sie sich!	167
	Leben heißt Lernen	167

Nachwort zum Lebenstraum 169

Die Autorin 171

Stichwortverzeichnis 173

Vorwort: Vom kleinen Unterschied

> *»Du hast getan, was du konntest. Als du es besser konntest,
> hast du es besser gemacht.«*
> Maya Angelou

Alle Menschen sind gleich.

Aber sie verhalten sich nicht so.

Frauen und Männer verbinden viele schöne Gemeinsamkeiten. Doch selbst der schärfsten Political Correctness dürfte nicht entgangen sein, dass Frauen sich zum Beispiel anders anziehen als Männer. Sie schminken sich (anders). Sie tragen anderen Schmuck. Dieser »kleine Unterschied« ist uns allen selbstverständlich. Leider gilt diese angenehme und vernünftige Selbstverständlichkeit ausgerechnet nicht für eine entscheidende Weichenstellung im Leben von Frau und Mann: die Bewerbung. Das ist fatal.

Dass Frauen sich während ihrer Bewerbung für den ersten, einen neuen oder einen besseren Arbeitsplatz, für den Job zum Wiedereinstieg oder (endlich) für den Traumjob, fürs Praktikum, für den Bundesfreiwilligendienst (Bufdi) und das Freiwillige Soziale Jahr (FSJ), eine Beförderung, das letzte Stück Kuchen auf der Platte oder für eine Team- oder Projektleitung anders verhalten als Männer, ist logisch, einsichtig, nachvollziehbar und darüber hinaus gut erforscht. Die Anzahl der Studien zum kleinen Unterschied bei der Bewerbung ist Legion. Aus ihnen wissen wir zum Beispiel, dass Männer sich »überverkaufen« und Frauen sich »unterverkaufen«. Dass Männer typischerweise (es gibt natürlich Ausnahmen) ihre Vorzüge im Bewerbungsgespräch explizit ins Rampenlicht rücken, während Frauen ihr Licht tendenziell unter den Scheffel stellen.

Frauen verlangen im Schnitt weniger Einstiegsgehalt als Männer. Sie führen seltener Bewerbungs- und Gehaltsgespräche und wenn, fordern sie weniger als Männer. Und so weiter und so fort. Die Unterschiede zwischen den Geschlechtern sind deutlich, aktenkundig und zahlreich — und bestimmt sind sie Ihnen auch schon unangenehm aufgefallen. Damit sind Sie nicht allein. In meiner Coaching-Praxis und beim Telefon-Coaching, bei Vorträgen und in Seminaren erzählen mir Frauen seit über 25 Jahren Geschichten wie die von Bettina: »Vier Bewerberinnen, ein Bewerber, ich kannte die alle vom Abschlussjahrgang, die Mädels sämtlich mindestens eine halbe Note besser als der Kollege und teilweise bereits mit Praktikumserfahrung in der Branche —

und wer kriegt am Ende den Job? War ja klar. Wir hätten uns die Bewerbung sparen können. Die Jungs machen das unter sich aus.« Das ist eine mögliche Erklärung. Und wenn sie vollumfänglich zuträfe, könnten Sie und ich uns jetzt auf einen Espresso verabreden und gemeinsam Frust schieben. Der Witz ist: Diese Erklärung trifft nicht wirklich.

Sabrina trifft es schon besser. Sie ist eine der vielen Frauen, die drauf und dran sind, eines der großen Rätsel weiblicher Benachteiligung im Berufs- und gesellschaftlichen Leben zu lösen. Auch sie war im Coaching mächtig frustriert und sagte: »Ich schreibe so viele Bewerbungen, werde so oft eingeladen und kriege so viele Absagen — merken die denn nicht, wie gut ich bin?« Gute Frage. Perfekte Frage. Richtige Frage.

Schlichte und Aha-effektive Antwort: Nein. Die meisten Männer, Personalverantwortlichen, Fachabteilungsleiter, Vorgesetzten, männlichen Familienangehörigen, Verwandten und Headhunter wissen eben nicht, wie gut Sabrina und Sie sind. Und das ist schon die Antwort auf unsere zentrale Frage. Der Grund, warum Sie und ich uns in diesem Buch zusammentun. Der Grund, warum Sie sich danach sehr viel besser, deutlich erfolgreicher und mit mehr Freude bewerben werden.

> **! Achtung**
>
> Frauen bewerben sich anders. Viele Männer verstehen dieses »Anders« nicht und meinen, es bedeute schlechter.

Das ist höchst hinderlich — auch für Unternehmen. Was meinen Sie, wie viele hoch qualifizierte Fach- und Führungskräfte den Firmen gerade in Zeiten des Fachkräftemangels durch die Lappen gehen, bloß weil die Verantwortlichen massenhaft einen fatalen Fehler begehen: Sie halten viele Bewerberinnen fälschlicherweise, im guten Glauben und oft genug mit der Arroganz der Macht für ungeeignet, obwohl diese nicht nur tadellos geeignet sind, sondern in vielen Fällen deutlich geeigneter als viele männliche Bewerber.

Deshalb meinte jüngst ein Personalleiter auch nur halb scherzhaft: »Sie schreiben ein Buch darüber, wie Frauen sich bewerben? Will ich haben!« Er hatte nämlich schon lange das Gefühl, dass Frauen bei der Bewerbung nicht meinen, was sie sagen, und nicht sagen, was sie meinen. Zum Beispiel, wenn er sie nach der für viele Positionen nötigen Führungserfahrung fragt: »Selbst Männer, die frisch von der Uni kommen, bringen sofort an, dass sie früher mal eine halbe Saison die F-Jugend vom Fußballverein trainiert haben: Führungskompetenz! Doch selbst ehrenamtliche Jugendtrainerinnen, die Wettkampfgymnastinnen bis zum deutschen Meistertitel trainiert haben oder die seit 20 Jahren zweite Vorsitzende vom Kirchengemeinderat sind, verraten mir das nicht!

Das muss ich denen aus der Nase ziehen! Die sollen gefälligst den Mund aufmachen!« Sagt er. Aber liest frau diese Aufforderung in den gängigen Bewerbungsratgebern?

Die Wahrscheinlichkeit ist erdrückend, dass sie darin wieder nur Unisex-Ratschläge findet wie: *Verkaufen Sie Ihre Vorzüge offensiv!* Das nützt niemandem. Dem (typischen) Mann nicht, der das ohnehin und auch ohne schriftliche Aufforderung immer schon so gemacht hat, und der (typischen) Frau nicht, die das auch nach der fünfzigsten gleichlautenden Aufforderung nicht machen wird — und vor allem nicht machen möchte, weil sie das für affig und arrogant hält. Und nur die wenigsten Frauen kommen ins Coaching und fragen: »Was heißt denn das, ›offensiv‹ verkaufen? Gilt das auch für mich als Frau? Und wie mache ich das, ohne wie die Kerle auf den Putz zu hauen? Kann ich mich erfolgreich bewerben und trotzdem eine Frau bleiben?« Das geht natürlich, mein Wort drauf. Hinweise dazu, wie das geht, finden Sie bislang nur selten. Auf jeden Fall in diesem Buch. Dafür wurde es geschrieben. Damit wir endlich damit aufhören, uns unter Wert zu verkaufen. Damit wir endlich alle unseren Traumjob angeln und das Gehalt, die Anerkennung und die Kolleginnen und Kollegen, Vorgesetzten, Projekte, Aufgaben und Kunden bekommen, die wir verdient haben.

In den letzten drei Jahrzehnten habe ich übrigens auch eine Menge Männer gecoacht, die exakt dasselbe Problem hatten. Auch viele Männer verkaufen sich unter Wert. Typisch sind die extrem kompetenten Ingenieure, Techniker, kaufmännischen Angestellten, Handwerker oder Naturwissenschaftler, die sehr viel mehr drauf haben als die »Lautsprecher«, die trotzdem Jahr für Jahr bei der Beförderung und bei der Verteilung attraktiver Aufgaben im Beruf den Vorzug bekommen. Wenn Sie mit so einem kompetenten und unterschätzten Mann zusammen sind oder einen solchen im Bekanntenkreis kennen, geben Sie ihm das Buch und sagen ihm, er möchte die weibliche Anrede einfach rausfiltern. Er wird sich über die Unterstützung freuen. Und Sie sind hier richtig,

- wenn Sie schon lange davon träumen, sich zu verändern, sich beruflich zu verbessern oder mit einem neuen Job Privates und Beruf besser ins Gleichgewicht zu bringen.
- wenn Sie es satt haben, die besten Jobs immer anderen zu überlassen.
- wenn Sie dringend überhaupt eine, eine neue oder eine besser bezahlte Stelle brauchen oder eine mit besserem Klima, anspruchsvolleren Aufgaben, größeren persönlichen Entfaltungsmöglichkeiten oder mehr Aussichten für den Aufstieg.
- wenn Sie sich schon lange heimlich bei der aktuellen Arbeit unterfordert fühlen.
- wenn Sie sich, Ihrer Familie und der Welt zeigen wollen, was Sie alles draufhaben, wenn Sie endlich Ihren Traumjob landen wollen.

Denn: Es ist beruflich sehr viel mehr drin, als die meisten Frauen für möglich halten oder sich zutrauen. Auf den folgenden Seiten erfahren Sie mehr über die dafür nötigen Schritte. Schritte, bei denen Sie sich nicht verbiegen müssen, authentisch, ganz Frau bleiben können und sich trotzdem oder gerade deshalb genau das holen, was Sie sich wünschen, erträumen und verdient haben.

Brechen Sie auf zu ungeahnten beruflichen Möglichkeiten! Ich werde Sie dabei mit all meinem Wissen, meiner Erfahrung und den Tipps und Tricks aus einem langen Berufs- und Beraterinnenleben bestmöglich unterstützen. Das verspreche ich Ihnen.

Wollen wir?

München, im März 2017

Cornelia Topf

1 Wann können Sie anfangen?

*»Wenn du denkst, dass du zu klein bist, um Einfluss zu haben,
dann versuch mal, mit einem Moskito ins Bett zu gehen.«*
Anita Roddick

»What you won't let be, won't let you be.«
Debbie Ford

Wir bewerben uns oft zu spät

Lange Zeit dachte ich, die Herausforderungen bei der Bewerbung beginnen mit der Bewerbung. Viele Ratgeber meinen das auch und setzen bei Stellensuche, Anschreiben, Lebenslauf und Zeugnissen an. Über die Jahre belehrten mich meine Seminarteilnehmerinnen und Coaching-Klientinnen eines Besseren — an dieser Stelle meinen ausdrücklichen Dank an Sie alle!

> **Wichtig** !
> Die Probleme mit der Bewerbung beginnen lange vor der Bewerbung. Manchmal viel zu lange vorher ...

Betrachten wir ein schönes Gegenbeispiel: Jelina. Sie ist 32, hat Kind und Mann und sagt während des Telefon-Coachings: »Ich schaue mich gerade um. Es werden in der Branche interessante Stellen angeboten.« Ich gebe zu bedenken: »Aber Sie sind doch erst vor 15 Monaten befördert worden!« Jelina schweigt einen Augenblick.

Dann meint sie: »Ja und? Es schadet niemandem, wenn ich mich jobmäßig auf dem Laufenden halte. Gucken kostet nichts. Vor einem Klamottenkauf gehe ich doch auch online oder in die City zum Schaufensterbummeln! Warum also nicht beim Job?«

Wenn auch Sie dieser Meinung sind, wenn auch Sie ohne zu zögern sofort eine Bewerbung losschicken, sobald Sie ein Angebot entdecken, mit dem Sie sich verbessern können — Gratulation! Blättern Sie bitte weiter bis zum Kapitel »Was zu tun ist: Zwischenzeugnis«. Sie blättern nicht? Dann geht es Ihnen wie den meisten Frauen, die sagen:
- Eigentlich wollte ich schon lange was anderes machen!
- Ich hatte nie vor, so lange auszusetzen. Aber jetzt dauert die Familienphase bereits ... Jahre!

- Manchmal frage ich mich: Warum bin ich noch hier? Ich hatte früher mal ganz andere Träume und Vorstellungen!
- Dieser Job frustriert mich schon lange!

> **! Übung**
>
> Was sagen, denken, fühlen Sie schon (viel zu) lange? Bitte notieren Sie den Gedanken. Ein reflektierter Gedanke wirkt stärker handlungsleitend als ein flüchtiger Gedanke — und das Aufschreiben ist eine besonders starke Form der Reflexion. Fühlen Sie sich frei für jedwede Formulierung:
>
> _____
>
> _____
>
> _____

Was Sie notiert haben oder denken, beschreibt ein zentrales Problem bei der Bewerbung. Auf diesen Stolperstein treffen fast alle von uns lange vor der eigentlichen Bewerbung.

> **! Achtung**
>
> Wir halten zu lange in Jobs, Positionen, Aufgabenbereichen oder Firmen aus, die uns eigentlich nicht entsprechen — oder uns quälen.

Andere sind immer noch in der Familienphase, obwohl das nie so geplant war. Oder hängen in einer Beziehung fest, die sie — nicht nur in der beruflichen Mobilität — einschränkt. Oder wollten nach einer Trennung, einer Scheidung oder dem Auszug der Kinder eigentlich längst wieder ins Arbeitsleben einsteigen. Haben sie das gemacht? Leider oft und lange nicht.

> **! Tipp**
>
> Sehen Sie sich spätestens dann nach etwas Neuem um, wenn Sie mit der aktuellen beruflichen Situation deutlich unzufrieden sind und keine Aussicht auf Besserung besteht. Das sind Sie sich schuldig. Sie sollten nicht zu lange zögern, sondern zügig aktiv werden.

Wenn das alle Frauen machen würden, wären wir nicht hier zusammengekommen. Was tun Frauen stattdessen? Wir kritisieren. Uns.

Selbstkritik fesselt, Reframing befreit

Wir halten oft zu lange aus in unbefriedigenden Jobs, quälenden Beziehungen, unerquicklichen Situationen, einseitigen Freundschaften, nervigen Ver-

1 Selbstkritik fesselt, Reframing befreit

einen, auf langweiligen Partys … Natürlich ist uns das unterschwellig bewusst! Meist mehrmals die Woche. Was machen wir dann?

Wir machen uns Vorwürfe.

Natürlich in bester Absicht! Wir wollen uns ja motivieren. Also denken wir impulsiv: *Wann gebe ich mir endlich einen Ruck?* Oder: *Warum kriege ich einfach nicht den Hintern hoch?* Was ist das? Viele halten solche Fragen für hilfreich. Erst beim zweiten Hinschauen erkennen und fühlen wir, dass sie bereits eine leise, aber fürs Selbstwertgefühl schädliche Abwertung enthalten. Wenn wir so etwas zu einer guten Freundin sagen würden, würde die säuerlich reagieren. Noch deutlicher wird die unbewusste, unabsichtliche und unreflektierte Selbstabwertung bei Gedanken und inneren Monologen wie: *In meinem Alter krieg ich doch keinen Job mehr!* Oder: *Mit meiner Qualifikation ist eben kein Blumentopf zu gewinnen.*

Vielleicht fällt uns das beim vorherrschend unsanften Umgangston in Gesellschaft, Familie, Arbeitsleben und Beziehung nicht mehr so auf — aber unser Selbstwertgefühl bemerkt es: Das alles sind abwertende Formulierungen. Sie schädigen unser Selbstwertgefühl und damit unsere Motivation. Wir schädigen damit (unabsichtlich) unser Selbstbewusstsein. Und das ist pures Gift — in jeder Lebenslage, aber insbesondere bei Bewerbungen. Je geringer Ihr Selbstwertgefühl ist, desto unwahrscheinlicher wird, dass Sie sich in nächster Zeit bewerben und dadurch tatsächlich verbessern.

> **Wichtig !**
> Für eine Bewerbung, die zum gewünschten Job führen soll, ist ein gewisses Maß an Selbstbewusstsein nötig.

Unser Selbstbewusstsein bauen wir jedoch unbewusst ab, indem wir uns mit Selbstvorwürfen antreiben wollen: *Jetzt stell dich nicht so an und bewirb dich endlich!* Manche Frauen stellen sich daraufhin tatsächlich nicht mehr so an und verändern ihre berufliche Situation. Das ist schön, kommt aber eher selten vor. Denn viele Frauen machen sich seit Monaten oder gar Jahren Selbstvorwürfe — und das nützt ihnen rein gar nichts.

> **Achtung !**
> Selbstvorwürfe funktionieren als Motivation spätestens bei der zweiten oder dritten Wiederholung. Wenn Sie sich dagegen etwas schon x-fach oder die sprichwörtlichen hunderte Male gesagt haben und es passiert immer noch zu wenig — probieren Sie eine andere Motivationstechnik.

Es gibt deren viele. Ich möchte Ihnen das Reframing empfehlen, das Umdeuten (wörtlich: etwas in einen anderen Rahmen hängen). Auch Ute nutzte es. Monatelang ging sie ihrer Clique auf die Nerven mit ihrem ewigen: »Ich komm einfach nicht in die Gänge!« Irgendwann machten sie die Freundinnen darauf aufmerksam, dass die ständige Wiederholung dessen sie auch nicht weiterbringe. Sie war entrüstet: »Aber es stimmt doch! So ist es doch tatsächlich!« Da sprach sie ein großes Wort gelassen aus.

> **! Wichtig**
>
> Tatsachen sind wichtig. Einstellungen sind wichtiger.

Anders ausgedrückt: Nicht die Situation an sich bestimmt, wie Sie mit ihr umgehen. Vielmehr hängt Ihr Handeln stark davon ab, wie Sie über die Situation denken und sprechen.

> **! Tipp**
>
> Wir können Situationen oft nicht beeinflussen, auch nicht, wie wir uns darin fühlen. Aber wir können immer ändern, wie wir über Situationen denken und reden. Und damit ändern wir letztendlich auch unsere Gefühle.

Ich fragte Ute, was sie sich in Situationen denkt, in denen sie erfolgreich in die Gänge kommt. Spontan sagte sie: »Das ist einfach. Ich denke: Das hast du doch so oder so ähnlich alles schon mal gemacht!« Das nennt man ein Reframing, eine Umdeutung: Es geht darum, einen hinderlichen Gedanken durch einen konstruktiven zu ersetzen.

Damit sind keine Hurra-Gedanken der Marke »Tschakka! Du schaffst es!« gemeint. Konstruktiv ist ein Gedanke nur dann, wenn Sie selbst ihn für glaubwürdig halten, er Ihnen entspricht und wenn er Sie Ihrem Ziel näher bringt. Also zum Beispiel nicht: *Sich mit drei Kindern wieder zu bewerben – da stellt dich doch keiner ein!* Sondern: *Andere Mütter haben es geschafft, also schaff ich das auch.* Oder *Ich schreib mal zehn Bewerbungen – erst danach habe ich Grund, mich zu beklagen.* Oder ganz mutig: *Wer einen Haushalt führen kann, kann auch eine Abteilung führen.* Welche Formulierung passt zu Ihnen?

Machen Sie sich so lange Gedanken, bis einer davon passt. Mit der Betonung auf machen: Gedanken passieren zwar oft unbewusst, aber frau kann auch ganz bewusst nachdenken. Machen Sie sich Gedanken zur Bewerbungsmotivation! Was denken Sie bislang? Und was würden Sie reframend stattdessen lieber denken?

Was wir lieben, lässt uns los: Würdigung 1

> **Übung**
>
> Probieren Sie so lange Formulierungen aus, bis eine passt. Sie können das entweder ganz spontan und frei oder mit Unterstützung der ersten Das-kann-ich-besser-Übung machen.

ARBEITSHILFE ONLINE

Was wir lieben, lässt uns los: Würdigung

Gedanken sind starke Kräfte. Reframing wirkt erstaunlich schnell. Bei den meisten. In jedem Seminar erlebe ich jedoch auch Frauen, die berichten: »Ich versuche schon lange, mir Mut zu machen — aber das klappt irgendwie nicht. Was mache ich falsch?« Haben Sie es bemerkt? Auch das war ein versteckter Selbstvorwurf, der bitte umgehend zu reframen ist: Sie machen nichts falsch. Im Gegenteil: Sie sind sich selbst treu. Treuer als Sie vermuten.

> **Achtung** !
>
> Es gibt gute Gründe, in einem schlechten Job zu bleiben.

Manche lachen bei diesem Satz — weil sich die lange verdrängte Wahrheit in ihnen Bahn bricht — und sie sagen zum Beispiel:

- Ist doch klar, warum ich meine Jobsuche immer und immer wieder aufschiebe: Alle meine Freunde, Bekannten und meine Familie sind hier am Ort! Die will ich nicht durch einen Umzug verlieren!
- Irgendwie habe ich das Gefühl, ich würde die Kollegen und den Chef im Stich lassen, wenn ich gehe.
- Meine Kunden sind mir so ans Herz gewachsen. Wenn ich weggehe, kriegt die sicher einer dieser nassforschen Hardcore-Verkäufer und zieht sie über den Tisch!
- Wenn ich kündige, kriegt der Chef doch nie gleichwertigen Ersatz für mich!
- Der Job unterfordert mich — aber das Arbeitsklima ist einfach wunderbar!
- Ich kann doch meine Kinder nicht aus dem Klassenverband reißen! Die verlieren all ihre Freunde!
- Natürlich wollte ich schon längst wieder arbeiten. Doch ehrlich gesagt: Das Familienleben gibt mir mehr als der Job!

Was sind Ihre guten Gründe für den Verbleib in einer Situation, die Sie »eigentlich« verlassen sollten, müssten, wollen?

Und was machen wir dann mit all diesen guten Gründen? Wir werten sie ab: *Ich bleibe in einem schlechten Job nur wegen des guten Klimas? Wie doof ist das denn?!* Oder: *Ich kann mich doch nicht immer hinter meinen Kindern verstecken, wenn ich Jobangebote ablehne!* Es ist verständlich, dass wir uns ärgern, wenn wir uns selbst im Weg stehen. Verständlich, aber nicht hilfreich, denn in der Psychologie gilt ein »Naturgesetz«.

> **! Wichtig**
> What you resist, persists. Worüber du dich ärgerst, machst du stärker.

Je heftiger wir uns vorwerfen, dass wir uns hinter dem guten Arbeitsklima im schlechten Job verstecken, desto stärker wird der Drang, sich zu verstecken. Jedes innere Motiv, das wir bekämpfen, versorgen wir auf diese Weise mit Energie. Jede kennt das vom nächtlichen Wachliegen: Je stärker wir uns gegen das Wachliegen wehren, desto wacher werden wir. Ablehnung stärkt Affekte. Das Gegenteil davon ist Akzeptanz, Annahme, Würdigung.

Ulrike Dahm, deren Schattenarbeit (auch in Buchform) sehr zu empfehlen ist, rät zum Gegenteil: »Was wir lieben, lässt uns los.« Nicht die Ablehnung unserer tieferen Beweggründe befreit uns von ihnen, sondern ihre Akzeptanz. Oder wie die Psychologin sagt: »Du kannst nur ändern, was du annimmst.« Dieses Würdigen üben wir zum Beispiel im Seminar, aus dem Stand kann das keine.

Üben Sie doch ein wenig mit, zum Beispiel mit Belinda. Sie sagt: »Tief drin will ich gar nicht mehr arbeiten – ich bin so richtig zur Glucke geworden!« Das ist Selbstabwertung. Abwertung zementiert das innere Dilemma. Also reframe ich die »Glucke«, hole ihren Familienmensch sozusagen aus dem Schatten hervor (deshalb heißt die Schattenarbeit so) und schlage ihr vor:
»Sie sind ein überzeugter Familienmensch geworden!«
»Ja, aber ist das gut?«
»Ja, das ist es. Das weiß ich. Aber es nützt nichts, wenn ich das sage. Sagen Sie es sich.«
»Ich bin ein ... Familienmensch?«
»Bitte mit etwas mehr Überzeugung.«
»Ich bin ein Familienmensch.«
»Jawoll, das sind Sie – und das ist gut.«
»Genau. Ich tue meiner Familie gut. Und mir geht es gut dabei.«
»Richtig!«
»Dafür muss ich mich doch nicht entschuldigen!«
»Aber nie im Leben!«
»Also muss mein nächster Job gefälligst auch familienfreundlich sein und damit basta.«

Bald darauf hatte Belinda eine Arbeitsstelle gefunden, nach drei Wochen Suche. Nachdem sie sich vier Jahre lang selbst blockiert hatte mit der Ablehnung ihres tieferen Beweggrundes. Warum klappte es plötzlich? Weil sie ihr Motiv, ihren guten Grund, ihre Familienfreundlichkeit endlich offen, ehrlich und absichtlich ein wenig übertrieben würdigte. Was du würdigst, macht dich frei. Und da viele Frauen diesbezüglich zur Untertreibung neigen, folgt noch der Hinweis: Frau kann nicht übertreiben bei der Würdigung ihrer Motive. Tragen Sie ruhig etwas dick auf, es lohnt sich und fühlt sich gut an.

Gute Gründe zu bleiben

Schauen Sie noch mal die obigen Äußerungen von Frauen an, die zu lange im alten Job bleiben: Sie alle wollen etwas Gutes. Sie wollen den Freundeskreis nicht durch Umzug verlieren; sie wollen Chef und Kollegen nicht im Stich lassen oder ihre Kunden; sie wollen den Vorgesetzten vor schwachem Ersatz schützen; sie schätzen das gute Klima im alten Job ... und so weiter. Was hat es damit auf sich?

Das alles sind sehr gute, typisch weibliche Gründe: Frauen schätzen bei der Arbeit nicht bloß die Aufgabe (wie viele Männer), sondern auch und vor allem die Beziehungen, das Klima, das gute Miteinander, die Harmonie, das große Ganze. Sie denken nicht immer bloß an sich, sondern fast ständig an alle und alles andere. Dass sich »typische« Männer davon nicht abhalten lassen, wenn sie sich beruflich verändern wollen, liegt auf der Hand: Ihnen sind Status, Position, Sachthemen, Spezialisierung und Gehalt wichtiger als Beziehungen. Das stellt sich meist schlagartig nach einer Trennung oder Scheidung heraus. Neulich sagte ein frisch Geschiedener: »Ich habe plötzlich keine sozialen Kontakte mehr! Fiel mir früher nie so auf: Aber jede Einladung zum Essen kam aus dem Freundeskreis meiner Frau. Und die Freunde hat sie jetzt alle mitgenommen.« (Unter anderem) deshalb leben Frauen länger: Sie sind eingebettet in ein großes und tragfähiges soziales Netz. Männer sind tendenziell immer noch Einzelgänger.

Und weil Frauen ein tolles Netzwerk aufgebaut haben, beziehungsorientiert sind, ihre Familie genauso lieben wie den Job und vor einem Weggang auch daran denken, ob der Chef jemals gleichwertigen Ersatz bekommt, bleiben sie zu lange in alten Jobs oder in der Familienphase. Weil sie auch an andere, ans Unternehmen und ans große Ganze denken. Und das wollen Sie sich zum Vorwurf machen? Ernsthaft? Ganz im Gegenteil: Es ist gut, dass Frauen ans große Ganze denken. Was mit der Welt passiert, wenn allzu viele Menschen nur bis zur eigenen Nasenspitze denken, erleben wir schon viel zu lange.

> **! Wichtig**
> Sie haben jedes Recht und auch die innere Pflicht, Ihre tieferen Beweggründe für das Bleibenwollen zu würdigen: Es sind die bestmöglichen Gründe. Bestmöglich für eine bessere Welt.

Und wenn Sie schon dabei sind und sich die Selbstabwertung abgewöhnen, machen Sie das doch bitte auch im Umgang mit anderen Menschen. Sagen Sie keiner: »Hör doch auf zu jammern und schau dich endlich nach einem neuen Job um!« Das hilft nicht. Das schadet. Weil es nicht würdigt, sondern abwertet. Fragen Sie lieber nach den guten Gründen für das Verharren und wertschätzen Sie diese — Was du liebst, lässt dich los — und andere. Genau: Was uns loslässt, befreit uns. Und wer frei ist, bewirbt sich. Wenn sie Zeit dafür hat. Falls sie Zeit dafür hat. Das ist die zweite große Herausforderung vor der eigentlichen Bewerbung.

Kennen Sie eine Frau, die Zeit hat?

Die meisten von uns sind durch den Job und den großen Familien-, Freundes- und Bekanntenkreis, durch Verwandtschaftspflege, Besuche und Gegenbesuche, durch Haushalt und Sport, durch ehrenamtliches und soziales Engagement vollzeitlich in Anspruch genommen. Wann sollen wir uns denn bewerben? Wenn noch nicht einmal Zeit bleibt, regelmäßig die Stellenanzeigen zu lesen! Manche Bewerbungsratgeber raten, sich jede Woche mindestens eine Stunde für die Bewerberei Zeit zu nehmen. Kennen Sie eine Frau, die diese Stunde hat?

Vergessen Sie den Vorsatz: *Ich schau mich wirklich um, ehrlich! Sobald ich die Zeit dafür finde!* Sie werden sie nie finden. Da können Sie noch so lange suchen. Wobei: Wir suchen ja nicht wirklich! Wir stellen fest, dass wir keine Zeit haben. Das stimmt, hilft aber nicht weiter.

> **! Tipp**
> Fragen Sie nicht: Wann habe ich denn schon Zeit? Fragen Sie sich: Wann hätte ich denn am ehesten Zeit?

Jede Frau kennt darauf die Antwort — mindestens eine, zum Beispiel:
- Am ehesten ginge es noch an den Wochenenden, wenn die Familie stundenweise mit sich selbst beschäftigt ist! — Dann sorgen Sie dafür, dass sie es ist!
- Am ehesten geht es direkt nach dem Fitnessstudio — anstatt eine Stunde an der Theke zu ratschen.

- Der Yoga-Kurs mittwochs langweilt mich sowieso. Da klicke ich lieber in die Online-Portale.

Wann geht es bei Ihnen am ehesten? Regelmäßig?

Niemand isst die Salami am Stück

Oft höre ich: »Ich bewerbe mich, sobald ...« Mit den Varianten: ... sobald es wieder ruhiger ist im Job, ... sobald die Kinder aus dem Gröbsten raus sind, ... sobald er seine Dissertation geschrieben hat, ... sobald er weiß, was aus seinem Job wird ... Was ist Ihr Sobald?

Einige bewerben sich tatsächlich, sobald das Sobald eintritt. Aber viele tun das nicht, weil sie merken: Es wird eigentlich nie wirklich ruhiger im Job, die Kinder brauchen die helfende Hand einer liebenden Mutter auch noch, wenn sie groß sind, nach seiner Dissertation möchte er auch noch habilitieren oder sein Job ist immer noch unsicher. Wie es so schön heißt: Es ist eigentlich immer etwas! Immer etwas, das einen davon abhält, sich zu verändern. Manchmal ist dieses Etwas einfach nur ein Hinweis darauf, dass frau es nicht so ernst meint mit der beruflichen Veränderung. Dann befreit es schon ungemein, ehrlich zu sich zu sein und zu sagen: »Fürs Erste bleibt es so, wie es ist! Basta!«

In der Regel ist Prokrastination, das ewige Aufschieben, jedoch ein Hinweis darauf, dass noch ein weiterer oder gar mehrere Hinderungsgründe vorliegen, meist innerer Natur. Dann ergründen Sie diese, reframen und/oder würdigen Sie sie. Wie das geht, haben Sie ja schon gelesen. Es kann aber auch an etwas anderem liegen.

> **Achtung** !
> Wenn Sie etwas noch nicht tun, was Sie tun möchten oder sollten, ist es meist noch zu groß.

Oft klagen Bewerberinnen: »Ich komm einfach nicht dazu, mir was Neues zu suchen. Ich muss den Lebenslauf überarbeiten, endlich ein neues Foto machen, mein Zeugnis aktualisieren lassen und mit den Anschreiben tue ich mich sowieso immer schwer!« Nicht nur damit: Wer sich so einen Packen auflädt, darf sich nicht wundern, wenn das Muli der Motivation zusammenbricht: too much!

> **! Tipp**
>
> Alles, was Sie noch nicht tun, ist meist noch zu groß: Zerlegen Sie es daher in viele kleine Teilaufgaben!

Das nennt man Atomisierung von Aufgaben. Wann sind die Atome klein genug? Wenn Sie die Aufgabe anpacken. Wenn Sie noch nicht beginnen, ist sie noch zu groß. Die Atomisierung ist ein tolles Rezept, mit dem auch die größten Projekte der Welt organisiert werden (beim Projektmanagement spricht man von »Arbeitspaketen«). Trotzdem nutzen viele Frauen diese Methode nicht. Was hält sie davon ab? Worauf tippen Sie?

Meist ist es der überzogene Perfektionsanspruch, der so oder ähnlich zum Ausdruck kommt:

»Ich brauche neue Fotos, aber meine Bekannte, die das so gut konnte, ist nicht mehr da. Und unser Fotograf am Ort taugt nichts und ich will nicht wegen so etwas in die City fahren ...«

»Wie wäre es, wenn Sie per Internet und Rumfragen erst einmal lediglich nach einer alternativen Quelle für das Foto suchen?«

»Aber das bringt mich doch nicht weiter. Das ist doch Pipifax!«

Weil ihr das Kleine zu klein ist, packt frau auch das Große nicht an. So machen wir das oft. Wer zwingt uns denn dazu? Wir können auch anders. Wer das Mögliche anpackt, schafft bald auch das Unmögliche. Würdigen Sie Ihre innere Perfektionistin — und atomisieren Sie! Beides geht.

Das Autoritäts-Syndrom

Viele Frauen haben sehr gute Gründe, sich nicht zu bewerben, zum Beispiel:
- Wenn ich mich bewerbe, kriegt das doch sicher auch mein Chef mit. Was sage ich ihm dann bloß?
- Einige Kolleginnen habe mich schon gefragt: Du bewirbst dich um die Abteilungsleitung? Wenn du Chefin wirst, müssen wir dich dann siezen?
- Mein Vater sagt, ich solle mich lieber nicht bei dieser Firma bewerben; in dieser Branche hätten es Frauen schwer.
- Ein Freund hat mich kürzlich begrüßt mit: »Ah, da kommt Frau Managerin.«

Was verbindet diese Hinderungsgründe? Etwas, das die Soziologin »soziale Kontrolle« nennt. Wir können es auch schlicht Autorität nennen. Im ersten Fall fürchtet sich die Bewerberin in spe davor, sich vor dem eigenen Chef zu rechtfertigen, im zweiten blockiert die Autorität der Freundinnen. Dass der eigene Vater als Autorität wahrgenommen wird, ist fast selbstverständlich.

So selbstverständlich, dass wir das oft gar nicht bewusst wahrnehmen. Sollten wir aber.

> **Tipp**
>
> Fragen Sie sich regelmäßig: Befolge ich unreflektiert Erwartungen, von denen ich vermute, dass eine Autorität sie an mich stellt?

Dass wir in unserem Freundes- und Kollegenkreis nicht anecken oder uns nicht unbedingt mit dem Chef anlegen wollen, ist ganz normal. Wenn wir deshalb jedoch unsere Lebensträume aufschieben oder aufgeben, dann hat sich die Balance verschoben. Die Balance zwischen Ihren eigenen und den Interessen anderer. Wir können diese Balance mit einigen klugen Überlegungen wieder ins Gleichgewicht bringen. Oft reicht schon eine einzige aus, zum Beispiel:

- Wenn ich mich beruflich verbessern möchte, um wen geht es dann eigentlich — um die Kollegen oder um mich?
- Dass der Chef nicht möchte, dass ich gehe, ist mir klar. Aber was möchte ich?
- Ich werde die Wünsche anderer nicht ignorieren. Doch genauso wenig meine eigenen Wünsche.
- Der wichtigste Mensch in meinem Leben sollte eigentlich ich sein — und das hat nichts mit Egoismus zu tun!
- Nur weil ich keine Wellen schlagen möchte, verzichte ich auf meine Wünsche? Möchte ich das wirklich?
- Wenn ich nicht für meine Interessen einstehe, wer sollte es dann tun?

Sind Frauen wirklich so emotional, so bang, so zaghaft, wie es auf diesen Seiten scheint? Diesen Vorwurf höre ich manchmal. Ich finde ihn empörend. Denn selbst Vorständinnen gestehen mir: »Vor meiner letzten Bewerbung flatterten meine Nerven mächtig. Aber über Gefühle darf man im Business und leider oft auch in der Familie nicht reden!« Dass das komplette affektive Universum tabuiert wird, ist der Grund, weshalb die Welt heute so ist, wie sie ist: weitgehend dissoziiert und abgespalten von vielen grundlegenden menschlichen Gefühlsregungen (außer Häme, Neid, Scham, Zorn und Angst). Über Gefühle redet man nicht! Stimmt. Mann nicht. Frau schon. Und zwar hier. Einmal davon abgesehen, dass viele Männer uns um unseren Gefühlsreichtum beneiden ...

Lass dich nicht aufhalten!

Eigentlich wollen wir uns beruflich verbessern oder wiedereinsteigen. Aber dann kommen Loyalität oder Familiensinn dazwischen, die Unlust vor einem

Umzug, der chronische Zeitmangel oder das Autoritäts-Syndrom. Diese Hinderungsgründe im Vorfeld einer erfolgreichen Bewerbung haben wir diskutiert. Es gibt natürlich noch andere Gründe, beim Alten zu bleiben. Welche sind das bei Ihnen? Notieren Sie, wenn Sie mögen:

_____

_____

_____

Sind das gute Gründe? Absolut. Ich bin mir dessen sicher, weil Sie eine vernünftige, intelligente Frau sind. Wenn es Ihre Gründe sind, sind es gute Gründe. Leider gilt das oft nicht dafür, wie wir damit umgehen. Wir haben die Tendenz, Hinderungsgründe zu verabsolutieren, die bekannteste Verabsolutierung ist: *In meinem Alter ...!* Auch gerne genommen wird: *Mit meinen Qualifikationen krieg ich doch nie so einen Job!* Das ist falsch. Immer.

> **! Achtung**
>
> Absoluta sind immer absolut falsch.

Eine schöne Paradoxie. Aber das nur so nebenbei. Worauf es ankommt: Es gibt keine absoluten Hinderungsgründe! Schon rein empirisch nicht: Für jede 50-Jährige, die wegen ihres Alters keinen Job mehr zu finden fürchtet, finden wir oft sogar in unserem (weiteren) Bekanntenkreis mindestens ein Gegenbeispiel, also eine Frau, die sich beispielsweise mit 55 noch einen neuen Job geangelt hat. Und einen guten. Das mag für die objektive Datenlage gelten. Aber wie knacken wir Hinderungsgründe, die uns ganz subjektiv unüberwindbar erscheinen?

Eine Seminarteilnehmerin traf unabsichtlich ins Schwarze, als sie stöhnte: »Erst jetzt merke ich, dass ich eigentlich gar keine Technikerin bin, sondern viel lieber Orchestermusik mache! Aber wie soll ich mit meinem Ingenieurstudium in ein professionelles Orchester reinkommen?« Ich erwiderte: »Tja, gute Frage. Wie? Wie stellen Sie das am besten an?« Sie fing haltlos an zu lachen. Bisher hatte sie diese Frage rhetorisch gestellt: *Wie um alles in der Welt soll ich ...?* im Sinne von: *Ist doch sowieso unmöglich!* Stellt man die Frage aber nicht rhetorisch, sondern faktisch, führt sie zum Lösungsansatz, mit dem sich wirklich jedes Hindernis überwinden lässt.

> **! Tipp**
>
> Die Situation ist unüberwindbar? Geschenkt! Stellen Sie die Wie-Frage: Wie könnte ich sie überwinden? Oder auch nur ein wenig abmildern?

Viele Frauen sind vom subjektiven Eindruck der scheinbaren Unüberwindlichkeit so überwältigt, dass sie diese Frage unwillkürlich mit »Gar nicht!« beantworten. Das geht Ihnen manchmal auch so? Dann ist die Appreciative Inquiry, eine hoch wirksame Technik des Change Managements, eine gute Idee für Sie.

> **Tipp** !
> Fragen Sie sich: Was ist die kleinstmögliche Maßnahme in Richtung auf mein Ziel, die ich jetzt sofort anpacken kann?

Der Clou an dieser Frage: Es gibt immer eine Antwort darauf. Immer. Nach Lösungen googeln kann frau zum Beispiel überall (Smartphone vorausgesetzt) und jederzeit. Natürlich meckert die Perfektionistin in uns möglicherweise: *Aber vom Googeln kriegst du keinen neuen Job!* Dann treten Sie in den inneren Dialog ein und würdigen Sie die innere Kritikerin: *Du hast recht. Danke, dass du das große Ziel im Auge behältst. Einverstanden, wenn wir uns jetzt Jobangebote anschauen?*

Ganz gleich, welche triftigen Gründe Sie davon abhalten, sich beruflich zu verbessern: Sie scheinen nur unüberwindlich zu sein. Tatsächlich lässt sich jeder Hinderungsgrund überwinden. Das Handwerkszeug haben Sie jetzt in der Hand.

Was zu tun ist: Zwischenzeugnis

Wenn mir eine Frau sagt, dass sie sich beruflich verändern möchte, frage ich gern: »Gratuliere, das kann ich nur unterstützen. Haben Sie ein aktuelles Zwischenzeugnis?« — »Äh, stimmt, darum sollte ich mich auch noch kümmern ...« Warum hat sie es nicht längst getan?

Meist stecken die Furcht vor sozialer Missbilligung und das schon erwähnte Autoritäts-Syndrom dahinter: *Und wenn mein Vorgesetzter fragt, ob ich etwa wechseln will, was sage ich denn dann?* Aus Furcht vor dieser Frage schieben viele die Aktualisierung ihres Zwischenzeugnisses bis zum Sankt-Nimmerleins-Tag auf: *Oh Gott, was sage ich dann bloß?* Sie wissen ja schon, dass frau rhetorische Fragen am besten dadurch beantwortet, dass sie diese ernst nimmt. Also: Was sagen Sie, wenn der Chef Ihnen »vorwirft«, wechseln zu wollen? Wer sich eine Antwort zurechtlegt, traut sich auch, nach dem Zeugnis zu fragen.

Wann können Sie anfangen?

Viele Männer sagen im Brustton der Überzeugung: »Wenn er das fragt, sage ich: ›Wenn ich was Besseres finde …‹ Dann legt er vielleicht von sich aus was aufs Gehalt drauf, um mich zu halten!« Einige Frauen trauen sich das auch (vor allem nach der Lektüre von Kapitel 2). Aber viele eben nicht. Für solche Fälle gibt es mehrere Antwortalternativen, zum Beispiel:

- *Nein, ich möchte lediglich meine Unterlagen aktuell halten. Sie wissen doch: Ordnung ist das halbe Leben.* Ja, eine weiße Lüge ist in dieser Situation erlaubt und gebräuchlich.
- *Ich bin mit meiner Arbeit zufrieden und werde in nächster Zeit nicht wechseln. Sollte ich irgendwann doch etwas Besseres finden, sind Sie der Erste, der es erfährt.* Denn Chefs fragen meist nicht, um Sie zu halten, sondern um nicht über Nacht mit einer vakanten Position dazustehen.
- *Ich habe nichts Konkretes im Auge, aber Sie wissen ja selbst, wie schnell sich hier im Betrieb die Auftragslage ändern kann. Deshalb möchte ich nicht leichtsinnig sein, das verstehen Sie sicher.*
- *Entschuldigung — wollen wir jetzt wirklich ein grundlegendes Arbeitnehmerrecht diskutieren? Ich dachte, ein Zwischenzeugnis ist auch in diesem Unternehmen eine diskussionsfreie Selbstverständlichkeit.*

Diese Formulierungen passen nicht so recht zu Ihnen? Welche dann? Variieren Sie so lange, bis Sie Ihre Antwort gefunden haben.

Seltsamerweise tun viele das nicht. Sie gehen einfach davon aus, dass es gemein ist, wenn der Chef so etwas fragt oder nicht von sich aus das Arbeitszeugnis aktuell hält: *Das muss der doch! Das ist mein Recht! Das ist sein Job!* Das stimmt. Aber wenn er es trotzdem nicht tut? Dann kann ich nicht länger darauf vertrauen, dass der Vorgesetzte sich schon um alles kümmern wird. Dann werde ich mich daran erinnern, dass ich als erwachsene Frau mich gut und gerne selbst um meine Interessen kümmern kann.

> **!** **Wichtig**
>
> Was sie dir nicht geben, das holst du dir! Kommt der Prophet nicht zum Berg, kommt der Berg zum Propheten.

Übrigens: Ein guter Chef wird nicht fragen, wozu Sie das Zeugnis brauchen. Für ihn ist es eine Selbstverständlichkeit, dass Ihr Zwischenzeugnis immer dem Stand Ihrer Verantwortung, Aufgaben, Arbeitsleistungen und Qualifikationen entspricht. Ist das für ihn nicht selbstverständlich, kommt auch dieser Umstand auf die Liste der Gründe, warum Sie von dort weg möchten!

Damit haben wir auch gestreift, wann Sie ein neues Zwischenzeugnis brauchen — was ebenfalls oft gefragt wird. Die Antwort ist einfach: Immer dann, wenn sich Ihre Qualifikationen, Aufgaben, dauerhaften Verantwortungsbereiche (Stichwort: Beförderung), nachweislichen Berufserfolge oder Arbeitsleistungen wesentlich geändert haben. Wenn Sie also zum Beispiel ein substanzielles Projekt erfolgreich ins Ziel gebracht haben. Oder einen Lehrgang mit Zertifikat abgeschlossen haben. Oder für eine neue, dauerhafte Aufgabe Verantwortung übernommen haben. Deshalb aktualisieren gute Vorgesetzte auch anstandslos Zeugnisse: Weil sie wissen, dass das alles legitime Gründe sind.

> **Tipp**
>
> Warten Sie nicht bis zur nächsten Bewerbung, um Ihr Zeugnis zu aktualisieren! Bringen Sie es nach jeder substanziellen Veränderung auf den neuesten Stand!

Selber schreiben!

Judith sagt: »Ich erinnere meinen Chef schon seit Wochen daran — aber er sagt immer nur, dass er nicht dazu kommt, mein Zeugnis zu aktualisieren!« Gut, dass Susanne danebensteht. Sie sagt: »Hör mal, wir alle schreiben unsere Zeugnisse selbst. Wenn es dem Chef nicht passt, kann er es ja im Nachgang korrigieren — hat unser Chef aber noch nie gemacht. Weil er auch dafür keine Zeit hat.« Warum auch? Meist haben die Schreiberinnen ohnehin mehr Ahnung von ihren Aufgaben als ein Vorgesetzter, der ganz anderes zu tun hat.

> **Tipp**
>
> Ihr Vorgesetzter braucht zu lange, um sich um Ihr Zwischenzeugnis zu kümmern? Schreiben Sie es selbst und legen Sie es ihm zur Korrektur und Abzeichnung vor.

Davon könnte sich Ihr Vorgesetzter bedrängt fühlen? Natürlich ist das möglich. Dann sagen Sie sich: *Mein Chef möchte sicher nicht von mir bedrängt werden. Aber was möchte ich?* Oder auch: *Um wen geht es hier eigentlich? Um meinen Chef oder um mich?* Das vergessen wir oft. Erinnern Sie sich regelmäßig daran. Und dann schreiben Sie. Und verzichten Sie dabei auf die übliche Bescheidenheit. Ich frage Rike:

»Wo in Ihrem Zeugnis steht etwas von Ihrem aktuellen Projekt?«

»Och, da mache ich doch nur das Chassis-Design. Das sind höchstens zwei Wochenstunden.«

»Hallo? Dieses markante Design sehe ich nachher bei mehreren tausend Exemplaren, die jährlich vom Band laufen. Womöglich kriegen Sie sogar einen Design-Preis dafür — und Sie schreiben nichts davon ins Zeugnis?«

Das ist Zeugnisverweigerung!

»Ach, soll ich das auch noch reinschreiben?« Das höre ich ständig. Und ständig sage ich: »Um Himmels willen: Ja! Was denn sonst!« Warum verkaufen sich so viele Frauen unter Wert? Die Gründe dafür diskutieren wir ausführlich in Kapitel 2, an dieser Stelle sei fürs Erste nur so viel gesagt: Sie beklagen sich doch sicher auch oft, dass Sie nicht die Anerkennung bekommen, die Sie insgeheim erwarten und die Sie verdient haben. Und dann verweigern Sie sich diese Anerkennung im eigenen Zeugnis selbst?

Das geht gar nicht. Das sieht Rike auch so. Also formuliert sie: *Verantwortlich für das Chassis-Design unserer neuen Reihe von Toastern.* Ich raufe mir die Haare und schlage vor: *Alleinverantwortlicher Entwurf, Konzeption und abteilungsübergreifende Abstimmung in leitender Funktion für das Chassis-Design unserer De-Luxe-Reihe von Haushaltsgeräten.*

Was fragt Rike darauf? Richtig. »Ist das nicht zu dick aufgetragen?« Ich gegenfrage: »Hat Ihnen jemand dabei geholfen?« — »Nein.« — »Haben Sie alle diese Aufgaben erfolgreich ausgeführt?« — »Ja.« Trotzdem will sie es nicht schreiben. Und die Medien sprechen von »Glasdecke«. Wenn die wüssten! Warum sollte jemand eine Frau einstellen, die ihre Talente und Verdienste fahrlässig verschweigt? Eine Lüge ist schlimm, aber eine Lüge kann man immerhin noch überprüfen. Schlimmer ist es, die Wahrheit zu verschweigen — denn wie will man überprüfen, was nie gesagt wurde?

Oft schaffe ich es, Frauen in ein, zwei Sitzungen über ihre Schreibblockade hinwegzuhelfen. Weil aber ganz oft hinter der Schreibblockade eine persönliche Blockade steckt, folgt eine Empfehlung, die generell gilt.

> **! Tipp**
>
> Zeigen Sie Ihren Entwurf von Zeugnis und Anschreiben einer guten Freundin mit mindestens vergleichbarer Berufserfahrung. Am besten jedoch einer Mentorin, die im Rang deutlich über Ihnen steht. Und am allerbesten einem guten Freund, der etwas von Karriere versteht und dem Sie vertrauen.

Erst wenn ein Mann, der von Geschlechts wegen Erfahrung mit großzügiger Ausdrucksweise hat, mit Ihren Formulierungen einverstanden ist, legen Sie das Zeugnis zur Abzeichnung vor. Ganz clever ist es natürlich, Anschreiben und Zeugnisformulierungen von vorneherein zusammen mit einem männlichen Kollegen, Texter, Redakteur, Manager, Ghostwriter oder Journalisten aufzusetzen. Sie würden sich wundern, wenn Sie erführen, wie viele Frauen von der Buchhalterin bis zur Vorständin das tatsächlich tun. Fast jede von uns kennt einen Schreiberling. Da macht es sich wieder bezahlt, dass Frauen meist ein großes Netzwerk pflegen ...

Von Foto bis PDF

Ich möchte Ihre Zeit nicht mit Selbstverständlichkeiten verschwenden. Wenn Sie auf diesen Seiten ein Thema oder eine Komponente der Bewerbung vermissen, dann gehen Sie bitte davon aus, dass Sie diesen Teil auch ganz gut ohne mich hinkriegen. Hier kommen nur die etwas herausfordernden Punkte zur Sprache. Einer davon ist leider immer wieder das Foto. »Geht das noch?«, das fragen mich viele angehende Bewerberinnen.

Wenn sich diese Frage überhaupt stellt, lautet die Antwort: Nein! Weil veraltet. Es reicht schon, wenn Sie inzwischen eine neue Frisur haben. Ist der Interviewer ein Mann, erkennt er Sie in den ersten Sekunden des Vorstellungsgesprächs nicht wieder. Diese kognitive Dissonanz beschädigt den so wichtigen ersten Eindruck. Also bitte: Sorgen Sie für ein neues, aktuelles Foto! Und bitte nicht in Nett!

Viele Frauen sehen auf Bewerbungsfotos einfach nur nett aus. Das kann für bestimmte Berufe von Vorteil sein. Nicht jedoch, wenn Sie sich als Technikerin für eine Abteilungsleitung bewerben. »Nett führt nicht!«, sagte mir mal die Personalleiterin eines Familienbetriebs. Ja, das ist eine willkürliche Aussage — aber beim Fußball nicht mit der Hand zu spielen ist auch willkürlich und trotzdem halten sich alle dran. Manchmal verwenden vor allem junge Bewerberinnen, die im digitale Zeitalter geboren wurden, tatsächlich eines ihrer Facebook-Bilder als Bewerbungslichtbild (wir kennen das typische Konterfei: schräg von oben ins Dekolleté, Kopf schief, Lächeln). Geht gar nicht. Bilder für die Social Media sollen sympathisch sein, »nett«, etwas frech, auch mal leicht freizügig, adrett, stylish. Bilder für die Bewerbung sollen dagegen den Eindruck vermitteln: ernst zu nehmende Person, vertrauenswürdig, gewinnend, souverän, kompetent. Der Personalleiter soll Sie nicht liken, sondern einstellen! Insbesondere jüngere Bewerberinnen verwechseln das oft noch.

Immer wieder ist die Rede von der Bewerbung ohne Lichtbild. Wenn dies explizit in der Stellenanzeige gewünscht wird, würde ich mich darauf einlassen. Sonst nicht. Ein guter Fotograf kann jedes Gesicht vorteilhaft aussehen lassen, ganz zu schweigen von den hilfreichen Diensten einer guten Friseurin und einigen sachdienlichen Stilhinweisen zur Kleidung (die ich nicht gebe — das führt zu weit, ist ein eigenes Buch).

Manchmal sagen mir Frauen: »Ich weiß nicht, wie das mit dem Bild bei der Online-Bewerbung geht.« Meine Standardantwort darauf: »Dann lass es dir zeigen!« Viele Firmen sehen es gerne, wenn frau sich digital bewirbt — also machen wir das. Das bisschen Technik bringen wir uns auch noch bei!

Und kein Scherz — viele junge Bewerberinnen haben nur noch ein Smartphone und meinen: »Damit kann man doch heute auch alles!« Schon mal darauf ein Bewerbungsschreiben getippt? »Okay, dann gehe ich eben ans Notebook von meinem Bruder.« Der wohnt 30 Kilometer entfernt. Weshalb jede Bewerbung erst mit einigen Tagen Zeitverzögerung angegangen wird. So redet keine ernsthafte Bewerberin. Die redet anders, zum Beispiel: »Ich leih mir das alte Notebook von Mama!« Oder: »Gute Secondhand-Computer gibt es überall! Das ist mir ein neuer Job wert!«

Ich suche überall nach dir!

Viele schicken lange Zeit keine Bewerbung raus, weil sie nichts Passendes finden! Das glaube ich dann erst mal nicht. Ist das so, suchen diejenigen nicht intensiv genug. »Aber ich schaue mir immer donnerstags die Stellenanzeigen in der Lokalzeitung an!«, sagen sie dann. Schön, doch das reicht nicht.

> **! Tipp**
>
> Suchen Sie in sämtlichen Quellen nach einer passenden Anzeige, also in Tageszeitungen, überregionalen Zeitungen, Anzeigenblättern, Fachmagazinen, auf der Website vom Arbeitsamt (Agentur für Arbeit), bei allen erdenklichen Jobbörsen im Internet, sämtlichen Bewerberportalen aller infrage kommenden Unternehmen. Und aktivieren Sie Ihr Netzwerk, sprechen Sie es aus: »Ich möchte mich verändern. Weißt du was? Wer stellt gerade ein? Wo könnte ich es versuchen?« Und: Machen Sie Initiativbewerbungen. Wenn Sie vorher dafür online und telefonisch beim Unternehmen sondieren (Wer ist zuständig? Welcher Bereich könnte geeignet sein?) — umso besser.

Manchmal bewerben sich Bewerberinnen, nicht indem sie schreiben, sondern indem sie sich vorstellen. Spontan, ohne Terminvereinbarung. Kann sein, dass man dann eine halbe Stunde im Vorzimmer vom Personalverantwortlichen sitzt. Aber wenn man nicht gleich weggeschickt wird, beeindruckt das natürlich mächtig. Denn das macht im Zeitalter der Online-Bewerbung ja keine(r) mehr. Wer sich initiativ vorstellt, verschafft sich einen einzigartigen Vorteil gegenüber anderen Bewerbern. Viele Frauen, die das erfolgreich praktizieren, sagen: »Ich war grad sowieso in der Nähe …« Ist natürlich geschwindelt. Aber mit einem Augenzwinkern vorgebracht ist das ein echter Vorteil für die Bewerberin. Sagen mir zumindest Personalverantwortliche. Dafür sind Sie noch nicht mutig genug? Mit der Betonung auf noch: Wenn Sie Kapitel 2 gelesen haben, sind Sie es. Versprochen.

Was willst du eigentlich?

Meist wissen wir, wann und warum uns eine Arbeit nicht mehr gefällt: *Ich brauch dringend mal was Neues!* Entschuldigung, aber das reicht nicht. Erstellen Sie ein Anforderungsprofil Ihres neuen Jobs! Und bitte nicht mit Nichtformulierungen wie: *Nicht wieder ein Chef, der nicht weiß, was er will!* Sondern? Umgedreht ins Positive: *ein Vorgesetzter mit Entscheidungsstärke.* Wie lässt sich das herausfinden? Besser: Wo? Natürlich im Bewerbungsgespräch. Dieses Gespräch heißt so, weil sich darin ein Mensch um die Stelle als Ihre künftige Vorgesetzte bzw. Ihr künftiger Vorgesetzter bewirbt.

> **Übung**
>
> Erstellen Sie das Anforderungsprofil Ihres neuen Jobs. Das können Sie frei Hand machen. Oder mithilfe der zweiten Das-kann-ich-besser-Übung.

ARBEITSHILFE ONLINE

Je mehr Anforderungen Ihr Wunschprofil enthält, desto besser. Abstriche können Sie immer noch machen. Und Achtung: Wer kein Anforderungsprofil hat, macht Selektionsfehler, Fehler bei der Auswahl des richtigen Jobs. Wie Annett. Sie sagte im Coaching: »Mist! Erst jetzt fällt mir auf, dass der Job nicht wirklich zu mir passt – aber er ist so nah und so gut bezahlt!« Das heißt: Sie hatte vorrangig diese beiden Anforderungen (wegen der Familie) im Kopf und ließ sich von deren Attraktivität blenden – ohne die anderen Punkte zu berücksichtigen, die ihr jetzt den Job vergällen.

Es gibt auch den entgegengesetzten Fehler. Beatrice hat ihn begangen: »Der Job würde mich reizen. Tolle Aufgabe, gut bezahlt, gute Aufstiegsmöglichkeiten – aber ich fahre nicht fünf Tage die Woche 50 Kilometer für eine Strecke!« Wer würde das schon gerne? Doch leider wird schnell etwas Essenzielles übersehen.

> **Wichtig** !
>
> Kein Job ist so, wie er ist. Jeder Job ist immer nur so, wie frau ihn sich einrichtet.

Was nicht passt, wird passend gemacht. Zum Glück erinnert sich Beatrice daran, schlägt ihrem Arbeitgeber in spe zwei Tage die Woche Home-Office vor – und der sagt zu! Manchmal kriegt man eine Absage, wenn man fragt. Aber wer nicht fragt, sagt sich quasi selber ab.

Leben ist Bewegung

Es gibt natürlich auch Frauen, die alle zwei Jahre einen neuen Job annehmen. Oft haben sie das diametrale Problem: Sie wechseln zu schnell und erleben im neuen Job denselben Mist in Grün! Und natürlich sind viele Frauen sehr glücklich da, wo sie gerade sind, und das seit zehn, 20, 30 Jahren. Das ist gut so, weshalb wir hier nicht darüber reden. Worum es hier geht, ist ein typisches Verhalten im Themenkreis der Bewerbung: Frauen haben die Tendenz, zu lange zu bleiben. Und das merken wir auch; latent, halb unterbewusst, nagend. Wenn Sie sich in dieser Lebens- und Gemütslage befinden, dann ist dieses Kapitel für Sie. Lesen Sie es. So oft, bis Sie sich wieder in Bewegung setzen. Bis Sie spüren, wie in Ihnen die Motivation wächst: *Das packe ich jetzt an! Ich verändere mich! Ich bewerbe mich!* Das tun Sie dann auch.

Und dann kommt die erste Absage.

Erkennbar wird in Momenten wie diesen: Motivation ist notwendig. Aber sie reicht entgegen landläufiger Meinung nicht aus. Volition reicht aus. Das ist der Wille, auch gegen Widrigkeiten seine Wünsche zu verfolgen.

In zwei Worten: unbezwingbares Selbstvertrauen. Das bekommen Sie im nächsten Kapitel.

2 Ein Traumjob ist besser, als perfekt zu sein

>»Gelassenheit ist eine anmutige Form des Selbstbewusstseins.«
> Marie von Ebner-Eschenbach

>»Fehlendes Wissen ist etwas, das sich leichter beheben lässt
> als zu wenig Selbstbewusstsein.«
> Teresa Buecker

Wir bewerben uns zu selten

Hewlett-Packard (HP) litt vor Jahren unter einem Problem, das auch heute noch viele Personalverantwortliche plagt: zu wenige Frauen in Führungspositionen! Die HP-Manager wollten wirklich und tatsächlich mehr Frauen befördern. Aber es klappte nicht. Warum nicht? Das wollte HP mit einer Studie herausfinden und stellte fest, dass es eben nicht (nur) an der Benachteiligung von Bewerberinnen liegt. Sondern — worauf tippen Sie?

> **Achtung** !
>
> Frauen kriegen die Stelle, den Traumjob, das Prestige-Projekt, den A-Account oder die Beförderung seltener als Männer, weil sie sich seltener dafür bewerben.

So einfach ist das? Und so absurd! Männer kriegen Jobs häufig nicht deshalb, weil sie besser sind oder sich die Positionen gegenseitig zuschanzen. Es ist viel einfacher: Männer kriegen den Job, weil sie sich überhaupt bewerben — und Frauen tun das oft nicht. Warum nicht? Manchmal hört man als Erklärung, dass sich Frauen Karrierestress sowie Führungs- und Personalverantwortung nicht antun wollen. Die HP-Studie ergab: Unfug! Es liegt an etwas anderem. Es liegt daran, wie Männer und Frauen mit den Anforderungen umgehen, die an sie gestellt werden. Was meinen Sie? Geben Sie mal einen Tipp ab:

- Frauen bewerben sich für eine Stelle, wenn sie glauben, x Prozent der Anforderungen zu erfüllen.
- Männer bewerben sich für eine Stelle, wenn sie glauben, y Prozent der Anforderungen zu erfüllen.

Was schätzen Sie als Zahlenwerte für x und y? Die meisten tippen richtig: Frauen bewarben sich bei HP erst dann für eine ausgeschriebene Führungsposition, wenn sie 100 Prozent der Vorgaben erfüllten, ihre männlichen Kollegen schon dann, wenn es nur 60 Prozent waren. Die typisch männliche

Selbstüberschätzung also. Und der typisch weibliche Perfektionismus. Grob gesprochen: Frauen verzichten (zu) oft auf Traumjobs, weil sie perfekt zum Job passen wollen.

Das haben Sie auch ohne HP-Studie geahnt? Natürlich. Wir kennen das aus Erfahrung. Rufen wir ein paar dieser Erfahrungen auf.

Frauen spielen nach anderen Regeln

Wenn wir uns nicht bewerben, haben wir gute Gründe, zum Beispiel:
- Die wollten Berufserfahrung — ich habe aber bloß Praktika.
- Ich beherrsche keine dritte Fremdsprache.
- Führungserfahrung habe ich keine.
- Ich habe nur fünf Jahre Berufserfahrung — die Stelle verlangt aber zehn.
- Ich habe noch nie ein Großprojekt geleitet!

Der Kollege hat das ebenfalls nie. Trotzdem bewirbt er sich. Und kriegt den Job. Obwohl er die Anforderung nicht erfüllt. Die Welt ist ungerecht! Ist sie das? Nein, sie spielt bloß nach bestimmten Regeln und Frauen orientieren sich eben anders an diesen als Männer.

Aus diesem Grund haben Mädchen im Schnitt die besseren Schulnoten. Sie halten sich im statistischen Mittel an die Regeln des Schulbetriebs: Hausaufgaben machen, pauken, gute Noten schreiben. Jungs halten sich eher an die Regel: Wer zu viel paukt, ist ein Streber! Während der Schulzeit halten sich viele Mädchen sozusagen an die richtigen Regeln, während der Berufszeit an die falschen. Grob vereinfacht gesprochen. Vereinfacht? Offenbar ist es noch nicht einfach genug.

Denn wenn es darum geht, warum Frauen sich seltener bewerben als Männer, fallen viele Männer, Frauen, Politiker, Personalverantwortliche, Vorgesetzte und Medienvertreter, ja selbst Wissenschaftler oft noch auf die falsche Erklärung herein. Sie sagen: »Wer sich nicht schon bei 60 Prozent Eignung bewirbt, dem fehlt einfach das Selbstvertrauen!« Im Amerikanischen lautet das heftig gebrauchte Modewort dafür »The Confidence Gap« (die Mutlücke). Nun wird niemand bestreiten, dass Frauen sich eher unter- und Männer sich typischerweise überschätzen — später werden wir uns noch ausführlich mit der Steigerung Ihres Selbstwertgefühls beschäftigen. Doch auf die Bewerbungsabstinenz passt diese Hypothese a priori nicht, nicht vorrangig und nicht ausschlaggebend. Diese Erkenntnis hat Tara Sophia Mohr in dem Beitrag »Why didn't you apply for that job?« für die Harvard Business Review (25.8.2014) empirisch und logisch untermauert.

Sie befragte mehr als 1.000 berufstätige Männer und Frauen. Unter anderem wollte sie wissen, sinngemäß: *Wenn Sie sich auf eine Stelle nicht beworben haben — warum nicht?* Die häufigste Antwort war nun eben nicht: *Ich traute mir den Job nicht zu.* Diese Alternative wählten lediglich zehn Prozent der Frauen und zwölf (!) Prozent der Männer (also trauten sich die Männer sogar geringfügig weniger zu). Nein, die häufigste Antwort lautete, sinngemäß: *Ich glaubte nicht, dass ich die Anforderungen der Stelle erfülle. Ich erwartete, dass sie mich deshalb nicht einstellen — und ich wollte meine Zeit und Energie nicht in eine von vorneherein aussichtslose Bewerbung verschwenden.* Der Prozentsatz der Männer und Frauen, die diese Mutmaßung als Abstinenzgrund angaben, war fast identisch (damit ist das Märchen, dass Frauen sich weniger trauen als Männer, begraben).

Eine weitere häufige Antwort war übrigens, wieder sinngemäß: *Ich wollte mit einer a priori aussichtslosen Bewerbung nicht die Zeit der Personalverantwortlichen verschwenden.* Ein sehr altruistisches Motiv — aber eine eklatante Fehleinschätzung.

> **Wichtig** !
>
> Dass Frauen sich weniger häufig bewerben, liegt nicht in erster Linie am mangelnden Selbstvertrauen, sondern schlicht daran, dass sie von den falschen Spielregeln ausgehen.

Nach welchen Regeln spielen Sie?

Kennen Sie die richtigen Spielregeln?

Viele Bewerberinnen haben falsche Vorstellungen darüber, wann und warum sie eingestellt werden. Sie denken unreflektiert: *Nur wer 100 Prozent der ausgeschriebenen Anforderungen erfüllt, passt zur angebotenen Stelle!* Wir könnten 1.000 Personalleiter fragen, keiner würde diese Regel unterschreiben oder auch nur kennen. Wenn ich Personalleiter und Personalchefinnen frage, verraten die mir ganz andere Regeln, zum Beispiel:

- *Wir laden in erster Linie interessante Bewerber ein — selbst wenn diese nur einen Bruchteil der geforderten Qualifikationen mitbringen.* Also lautet die korrekte Spielregel: Zeig, warum du (für das Aufgabengebiet und nicht zum Beispiel aus Fashion-Gründen) interessant bist!
- *Wir laden auch Quereinsteiger und Branchenfremde ein, die nur wenige Vorgaben erfüllen — wenn sie ihre Expertise auf andere Weise glaubhaft belegen können.* Noch eine Regel: Zeig deine Kompetenz und Expertise auf jedwede Weise!

- *Ein pfiffiges Bewerbungsschreiben oder ein interessanter Lebenslauf ist immer ein Grund, einen Bewerber in die engere Auswahl zu nehmen.* Regel: keine Pro-Forma- und 08/15-Bewerbungen!
- *Qualifikation kann man nachholen — Motivation muss der Bewerber mitbringen. Also überzeugen Motivation, Engagement und Commitment viel stärker.* Regel: Demonstriere deine Motivation! (Deshalb heißt das Anschreiben heute auch »Motivationsschreiben«).
- *Wir haben keine fixen Anforderungsprofile. Der Vorgänger auf der Position konnte drei Fremdsprachen, also dachten wir, dass sich das ganz gut in der Stellenbeschreibung macht.* Regel: In einer Stellenanzeige steht manchmal viel Unnötiges.
- *Die Anforderungen in der Stellenanzeige sind Maximalkriterien! Oft erfüllt keiner der Bewerber alle davon. Deshalb stellen wir natürlich trotzdem ein. Eben den Besten oder die Beste. Wir müssen die Position doch besetzen!* Regel: Eingestellt wird nicht die Perfekte, sondern die Beste.
- *Viele der Anforderungen hat uns die Personalstelle und die Zentrale aufs Auge gedrückt. Für den Job sind sie nicht nötig. Da zählt die fachliche Qualifikation — und ob man ins Team passt.* Woher soll man/frau so eine Insider-Regel kennen, wenn man nie Personalverantwortung hatte? Zum Beispiel aus Büchern wie diesem.

Diese Regeln (es gibt noch mehr) kennen Personalverantwortliche und Führungskräfte. Danach stellen die Unternehmen Menschen ein. Viele Regeln, nach denen Bewerberinnen spielen, sind also schlicht falsch.

Vergessen Sie die falschen Regeln!

- *Ich wollte keine Zeit und Mühe auf eine a priori aussichtslose Bewerbung verschwenden!* Es gibt keine a priori aussichtslose Bewerbung (wenn sie fehlerfrei und motivierend formuliert wurde)! Sie können beim besten Willen nicht von vornherein sagen, welche Ihrer Bewerbungen erfolgreich sein werden und welche nicht. Beim Roulette sind die Prognose-Chancen sicherer!
- *Ich wollte die Zeit der Personalverantwortlichen nicht verschwenden!* Das sind erwachsene Menschen. Bitte überlassen Sie ihnen zu beurteilen, was verschwendete Zeit ist und was nicht. Und selbst wenn, die Personalverantwortlichen werden für ihre Arbeit bezahlt!
- *Ich möchte mich nicht blamieren, indem ich mich auf eine Stelle bewerbe, für die ich nicht geeignet bin.* Noch einmal: Ob Sie geeignet sind oder nicht, können und sollten Sie nicht beurteilen! Das ist Sache der Personalverantwortlichen. Zerbrechen Sie sich nicht deren Kopf. Das Einzige, was Sie mit Fug und Recht beurteilen können und sollten, ist: Reizt Sie die Aufgabe? Wollen Sie diesen Job wirklich?

- *Der Job passt nicht für mich, weil ich nicht alle Anforderungen mitbringe!* Das ist eine falsche Schlussfolgerung, da die Stellenanzeige nicht der Job ist. Die meisten Anzeigen geben den tatsächlichen Job nur sehr ungenau wieder.
- *Wenn man das alles können muss, ist die Stelle nichts für mich.* Das ist die falsche Regel. Die richtige lautet: Was man mitbringen muss, klärt sich im Interview, spätestens während der Einarbeitungszeit.

> **Tipp**
> Alles in allem lautet also die einzige Regel, nach der Sie sich bewerben sollten: Sie finden einen Job interessant? Dann bewerben Sie sich! Ganz egal, wie viele der formellen Anforderungen Sie erfüllen.

Ganz egal? Mutige Frauen trauen sich das zu. Weniger Mutige trauen sich eine Bewerbung zu, wenn sie maximal 70 Prozent der Anforderung erfüllen. Also nehmen Sie die 70 Prozent als Daumengröße — mit Tendenz nach unten, wenn es Ihnen beliebt. Aber was, wenn der Personalverantwortliche Sie tatsächlich nach der dritten Fremdsprache fragt, die Sie nicht mitbringen? Dann möchte er nicht die dritte Fremdsprache hören, sondern eine gute Antwort, zum Beispiel: »Wenn die dritte Fremdsprache wirklich für den Job unerlässlich ist, dann erwerbe ich sie eben. Ich lerne schnell.«

Die oberste Spielregel lautet: Bewerben!

Die erste Regel für Ihre Bewerbung sollte also nicht lauten: *Du musst (fast) alle Anforderungen erfüllen!*, sondern: *Du findest das Angebot interessant? Es erfüllt die wichtigsten deiner Anforderungen wie attraktive Aufgabe, gutes Gehalt, eventuell räumliche Nähe, gute Aufstiegsmöglichkeiten, starke Vereinbarkeit von Familie und Beruf, gutes Personalentwicklungsprogramm, angesehene Firma …? Dann bewirb dich!* Im Lichte dieser Erkenntnis wollen wir noch einmal die Hinderungsgründe von eben betrachten:

- Die wollten Berufserfahrung — ich habe aber bloß Praktika.
- Ich beherrsche keine dritte Fremdsprache.
- Führungserfahrung habe ich keine.
- Ich habe nur fünf Jahre Berufserfahrung — die Stelle verlangt aber zehn.
- Ich habe noch nie ein Großprojekt geleitet!

Wenn Frauen solche Dinge denken und sagen, an welche implizite Regel halten sie sich dann ganz unbewusst? Und welche Regel trifft im Arbeitsleben tatsächlich zu?

> **! Tipp**
>
> Es gilt nicht die Regel: *Stellenanzeigen sind wörtlich zu nehmen!* Es gilt vielmehr die Regel: *Stellenanzeigen sind wie Menschen: Hör nicht auf das, was sie sagen, sondern auf das, was sie meinen!*

Und Berufserfahrung meint eben auch: Ich habe immerhin Praktika! Wenn frau das nicht so formuliert, sondern etwas selbstbewusster: *Ich habe drei Praktika mit Erfolg absolviert und kenne mich ganz gut in der Branche aus.* Stimmt. Und klingt selbstbewusst. Wer zwar fünf Projekte, aber noch nie ein Großprojekt leitete, darf sich ebenfalls bewerben, denn was die einstellende Firma eigentlich meint ist: *Wir brauchen eine Projektleiterin, die sowohl das Projektmanagementwerkzeug beherrscht als auch den Mut mitbringt für ein großes Projekt.* Beides bringen Sie mit? Bewerben Sie sich!

»So weit bin ich noch nicht!«

Fünf Jahre Berufserfahrung werden verlangt? Leider habe ich nur drei. Ein Zertifikat in Projektmanagement ist erforderlich? Leider habe ich nur einen unzertifizierten Lehrgang gemacht. Erfahrung in Artikelpflege für ein großes Auslieferungslager ist gefordert? Leider habe ich nur Erfahrung in der Pflege eines Online-Katalogs: *Ich bin halt noch nicht so weit.* Das ist die weibliche Spielregel. Die männlichen lauten: *Hab das zwar noch nie gemacht, aber das könnte interessant werden. Wenn ich den Job lande, imponiert das den Kumpels! Und für dieses Gehalt kann ich mich ruhig mal bewerben. Wenn es klappt, umso besser ...* Ich kenne Frauen, denen wird leicht übel, wenn sie so etwas hören/lesen. Weil sie denken: *So ein Angeber bin ich nicht!* Das müssen Sie auch nicht sein!

Keine Frau muss wie ein Mann denken oder reden (auch wenn viele das meinen). Es gibt genügend weibliche Spielregeln und Formulierungen, die Sie alternativ nutzen können. Ich habe einige Beispiele von Frauen zusammengetragen, die sich von einem anfänglichen Qualifikationsdefizit nicht haben abhalten lassen:

- Dafür brauche ich keine formelle Qualifikation. Das schaffe ich mir drauf. Dafür ist schließlich die Einarbeitungsphase da.
- Ich habe mich bislang in alles Neue eingelernt, ich mache das ständig im aktuellen Job, also was soll der Stress?
- Die arbeiten mit einem anderen Tabellenprogramm? Dafür brauche ich keinen Kurs. Jede Software hat ein integriertes Lernprogramm. Und das Internet gibt es auch noch.
- Wenn ich ... gelernt habe, dann lerne ich auch ...!

- Ich kann das nicht. Noch nicht. Aber ich eigne mir das an. Wie ich mir alles andere auch angeeignet habe. Ich lerne schnell.
- Der Vorgänger auf der Position konnte das sicher auch nicht aus dem Stand!
- Ich biete der Firma an, was ich habe. Ob das genug ist, entscheiden die — nicht ich.

Keiner dieser mutigen Glaubenssätze passt auf Sie? Wie wäre es, wenn Sie einen eigenen formulieren? Bei der Frisur wollen wir ja auch keine Kopie, sondern etwas Eigenes. Glaubenssätze sollten wie eine gute Frisur sein, das heißt, genau zu Ihnen passen, authentisch sein. Formulieren Sie so lange um, bis es für Sie richtig ist.

Wenn es mit Bewerbung und Traumjob nicht so klappt, wie Sie sich das vorstellen, kann es natürlich an den spärlichen Angeboten und den begriffsstutzigen Interviewern liegen. Es kann aber auch an Ihren eigenen, selbstgegebenen unbewussten und unreflektierten Spielregeln liegen.

Übung	ARBEITSHILFE ONLINE
Reflektieren Sie doch mal: Wann, wo und worauf bewerben Sie sich (nicht)? Welche Überzeugungen und Glaubenssätze stecken dahinter? Und welche Überzeugungen wären besser für Sie? Sie können frei reflektieren oder sich von der dritten Das-kann-ich-besser-Übung unterstützen lassen.	

Sobald Sie hinderliche Formulierungen erkennen, denen Sie unbewusst folgen, können Sie sich ganz bewusst neue Spielregeln geben.

Das Impostor-Syndrom

Die Bereichsleiterin sagt zu Tessa: »Wie Sie wissen, geht Ihr Abteilungsleiter bald in Rente. Wäre das nicht was für Sie?« Nein, nicht die Rente, sondern die Abteilungsleitung. Tessa zögert: »Ich weiß nicht, ob ich schon so weit bin ...« Die Vorgesetzte ihres Vorgesetzten schlägt die Hände über dem Kopf zusammen: »Typisch Frau! Hält die ganze Abteilung am Laufen, aber traut sich nix zu!« Kennen wir alle. Warum machen Frauen so etwas? Bessere Frage: Wie machen wir das? Antwort: mit System.

Da lobt zum Beispiel der Noch-Abteilungsleiter Tessa ausnahmsweise: »Das Digital-Projekt haben Sie sauber hingekriegt!« Und was fällt Tessa dazu ein? »Ich hatte ja auch ein tolles Team!« Das stimmt und ist außerdem team- und beziehungsfreundlich und gut fürs Arbeitsklima. Aber mit dieser »Lob-Delegation« depriviert Tessa ihr Selbstwertgefühl, das heißt: Sie hungert es aus. Einerseits beklagt sie oft, dass sie nicht die gebührende Anerkennung für ihre Leistung kriegt. Andererseits wehrt sie auf diese Weise konsequent jedes spärliche Lob ab, das ihr zuteilwird. Ständig begründet sie ihre gute Leistung mit der kollegialen Unterstützung, dem Team, der Ressourcen-Ausstattung, den günstigen Umständen, ja manchmal sogar mit Glück! Das ist schlimm. Das ist pathologisch. Deshalb gibt es dafür einen Fachausdruck: Impostor-Syndrom.

> *»Frauen sind anfälliger für das sogenannte Hochstapler-Syndrom: Betroffene glauben nicht daran, dass sie ihren Erfolg wirklich durch eigene Leistung verdient haben.«*
> Karin Janker (»SZ online« am 8.7.2014)

Gewiss, der Begriff ist abfällig und nicht wirklich zutreffend. Denn wir Frauen wurden größtenteils zirkulär sozialisiert (Männer hierarchisch): Wir denken qua Erziehung immer (erst) an den großen Kreis der anderen Menschen um uns herum. Deshalb wollen wir nicht hervorstechen (außer bei der Mode, der sozialen Anerkennung und wenn wir Vorturnerin im Fitnessstudio sind). Diese zirkuläre, soziale Einstellung ist gut und schön und macht die Welt besser. Aber: Jedes Lob, das wir aus Angst vor dem Neid der anderen ablehnen, schädigt unser Selbstwertgefühl.

Männer leiden übrigens unter dem diametralen Syndrom, genauer unter dem Dunning-Kruger-Effekt: Selbst winzige Erfolge werden wie Olympiasiege hinausposaunt (das Jäger- und Anglerlatein wurde von Männern erfunden) und an Misserfolgen sind immer die andern oder die widrigen Umstände oder die Tagesform oder der Stand der Sonne oder der Hund vom Nachbarn oder der in China umgefallene Sack Reis schuld. Aber das nur nebenbei. In der Hauptsache möchte ich Sie vom Impostor-Syndrom befreien.

Self-Appreciation: Eigenlob stimmt!

Wenn Sie in einer (Bewerbungs)Situation nicht so rasch und gut vorankommen, wie Sie sich das wünschen, prüfen Sie als Erstes: Nach welchen unbewussten Spielregeln spiele ich eigentlich? Und nach welchen Regeln wird tatsächlich gespielt? Dieses Wissen um die richtigen Regeln wirkt weitaus schneller als ein Fitnessprogramm für Ihr Selbstwertgefühl. Doch oft ist es sinnvoll und gibt auch ein besseres Gefühl, wenn Sie langfristig nicht nur Ihre Spielregeln verändern, sondern auch Ihr Selbstvertrauen stärken. Dafür möchte ich Ihnen folgende Spontanintervention vorschlagen. Sie befreit unter anderem vom Impostor-Syndrom und zeigt in der Regel sofortige Wirkung. Probieren Sie es aus. Sie können nichts falsch dabei machen. Geben Sie sich die Chance! Denken oder sagen Sie sich:

- Ab heute werde ich jede Anerkennung entgegennehmen, die mir zugesprochen wird!
- Natürlich nicht auf typisch Mann: *Ich bin eben der Größte!* (Okay, das war didaktisch etwas übertrieben).
- Aber auch nicht abwehrend: *Ich hatte gute Unterstützung.*
- Sondern beides: *Danke, das ist mir wirklich gut gelungen — natürlich auch dank entsprechender Unterstützung.*
- Spüren Sie jetzt nach: Was regt sich in Ihnen, wenn Sie ein Lob auf diese positive Weise annehmen? Das, was Sie da wahrnehmen, nennt frau »gesundes Selbstwertgefühl«.
- Mit Egoismus hat das nichts zu tun! Im Gegenteil: Die Egoistin ist Egoistin, eben weil sie sich tief im Inneren unsicher fühlt.
- Natürlich regt sich in Ihnen auch etwas anderes: *Darf ich das denn? Das ist doch total angeberisch!*
- Würdigen Sie auch diese große Bescheidene in Ihnen, die stets darauf bedacht ist, nicht den Neid der andern (Frauen) auf sich zu ziehen. Sagen Sie Ihr: *Du hast recht, Hochmut ist ungut, Stolz ist gut. Das hier ist Stolz. Bitte freu dich mit mir über das gerechte Lob und darüber, dass ich es in Stolz und Würde angenommen habe.*
- Da müssen Sie aber lange warten, bis Sie jemand, irgendjemand mal lobt? Guter Einwand. Worauf tippen Sie?
- Richtig: *Lob dich selber!*

Letzteres ist vielleicht die schwierigste Übung in einem »normalen« Frauenleben. Es gibt Frauen, die haben 30 Bücher zu Self-Compassion, Selbstbemutterung, Self-Parenting, Self-Care und dem Inneren Kind gelesen und können sich immer noch nicht selber anerkennen.

> **Wichtig** !
> Diesen Frauen sei eine Weisheit der freundlichen Psychologin aus der Nachbarschaft ans Herz gelegt: *Niemand kann dir geben, was du dir selbst vorenthältst.*

Vernünftiges, nahrhaftes, gesundes, gütiges, konstruktives, aufbauendes, verständnisvolles, sachlich gerechtfertigtes, konkretes, freundliches, verständiges Eigenlob fühlt sich am Anfang komisch an, irgendwie verboten. Nicht weil es verboten wäre, sondern weil es sich fremd anfühlt. Aber das ist reine Trainingssache, eine Sache der Gewohnheit.

> »Warum willst du darauf warten, dass andere freundlich zu dir sind? Es liegt an dir, dir Lob und Anerkennung zu geben.«
> Darlene Lancer

Auch Rauchen fühlt sich nach zehn Jahren ganz normal an. Trotzdem schadet es uns. Und nach fünf Wochen ohne Zigarette fühlt sich das wiederum ganz normal an. Reine Gewohnheitssache. Nach einem halben Dutzend Eigenlobs werden Sie spüren: *Eigenlob stimmt! Und tut gut.* Oder wie mir eine Managerin einmal sagte: »Wer wartet schon auf ein Lob von oben? Das ist doch immer etwas unglaubwürdig. Der einzige Mensch, der meine Leistung realistisch einschätzen kann, bin ich selber. Ich warte ja auch nicht, bis mir mein Freund das tolle Sommerkleid aus der Boutique schenkt. Das schenke ich mir selbst!« Aha. Wenn es um Mode geht, machen wir das. Aber beim Selbstwertgefühl nicht? Kann nicht sein.

Warum ist es so wichtig, (unter anderem) mit fremder und eigener Anerkennung das eigene Selbstwertgefühl zu stärken? Weil die Bewerberei ein sehr hohes Frustrationspotenzial birgt.

Nie wieder Bewerbungsfrust

Helen schmollt: »Das wäre mein Traumjob gewesen! Ich habe drei Tage lang an der Bewerbung gefeilt. Die war super! Meine Arbeitszeugnisse sind super! Und die laden mich nicht mal ein?« Helens Mann sagt: »Jetzt nimm das doch nicht so ernst! Das war doch bloß eine einzige Absage!« Warum tragen viele Frauen schwerer an Enttäuschungen als viele Männer?

Ohne große Exkursion in die Psychologie: Wir Frauen (miss)verstehen blitzschnell und unbewusst eine Absage nicht als Nein-in-der-Sache, sondern als ein Nein-zur-Person, als persönliche Zurückweisung und oft genug als Abwertung. Wir denken nicht: *Das hat nicht geklappt.* Wir fühlen: *Die mögen mich nicht und halten mich für nicht gut genug.* Ja, klar ist das bescheuert! Das ist eine unbewusste Konditionierung oder auf gut Deutsch: So wurden wir erzogen (nicht nur von Ma und Pa, sondern auch von unseren Peers, den Frauenzeitschriften und der Gesellschaft). Also: Dafür können Sie nichts! Aber dagegen. Und das sollten Sie auch. Etwas dagegen tun.

Denn wenn Sie es nicht tun, bewerben Sie sich wie viele Frauen allein aus einem fadenscheinigen Grund nicht oft genug: Sie fürchten sich vor Zurückweisung. Andere geben nach der ersten Absage auf — oder nach der für sie kritischen Anzahl von Absagen. »Wie viele Absagen soll eine Frau denn ertragen?«, werde ich manchmal gefragt. Was schätzen Sie?

> **! Tipp**
>
> Absagen zählen nicht. Nicht beim Bewerben und nicht im Leben. Es zählt nicht, bitte entschuldigen Sie die märchenhafte Metapher, wie viele Frösche Sie küssen. Es zählt nur der eine Kuss, der den Prinzen hervorbringt. Küssen Sie so lange, bis er vor Ihnen steht und sagt: »Habe die Ehre, gnä' Frau: Ihr Traumjob, der Sie fürderhin auf Händen tragen wird!« Und sie lebten glücklich ...

Im Ernst und noch einmal: Absagen, Enttäuschungen, Nicht-Einladungen und verkrachte Interviews zählen null und nichts. Wiederholen Sie das bitte. Lauter! Das wird Ihnen umso leichter und lauter gelingen, je stärker Ihr Selbstwertgefühl schon ist. Und umgekehrt: Je öfter und lauter Sie sich das sagen/denken, desto stärker wird Ihre Selbstwirksamkeitsüberzeugung, wie das im Fachjargon heißt. Deshalb haben wir oben die Schnellintervention mit Anerkennung und Eigenlob gemacht.

> **Wichtig**
>
> Je gesünder Ihr Selbstwertgefühl ist, desto weniger machen Ihnen Absagen aus.

Denken Sie an Ballspiele wie Tennis, Hand- oder Volleyball: Es wird nicht gezählt, wie oft ein Team oder eine Spielerin das Tor verfehlt. Im Endergebnis steht nur, wie oft sie getroffen haben. Wenn Ihnen Absagen noch etwas ausmachen, liegt das an Ihrem Selbstvertrauen: Bauen Sie es auf! Indem Sie Ihr Mantra wiederholen: *Absagen sind mir egal!* Passt nicht für Sie? Dann machen Sie es passend. Formulieren Sie Ihr eigenes Mantra. Und wiederholen Sie es so lange, bis das Gefühl der Zurückweisung abnimmt und Sie sich besser fühlen.

Wir tun so viel für die Gesundheit von Haut und Haaren, wir essen gesund und gehen ins Fitnessstudio. Was tun Sie für ein gesundes Selbstwertgefühl? Soll das etwa von selbst groß und stark werden? Vom Friseur- oder Parfümeriebesuch oder vom Frusteinkauf online? Das wäre ein Wunder (aber verraten Sie das nicht der Mode-Industrie, die von Prothesen fürs weibliche Selbstbewusstsein lebt). Wollen Sie wissen, was sich Frauen mit starkem Selbstbewusstsein nach einer Enttäuschung im Bewerbungsprozess sagen (anstatt shoppen zu gehen oder zum Friseur)? Hier eine kleine Auswahl:

- Mir tut das leid — für die Firma. Die wissen nicht, was ihnen entgeht.
- Eine Absage sagt nichts über meine Fähigkeiten. Ich weiß doch, was ich draufhabe.
- Da hat sicher die Nichte vom Junior-Chef von vornherein den Zuschlag bekommen und die ganze Ausschreibung war just for show!
- Für eine Firma, die meine Qualitäten nicht erkennt, möchte ich nicht arbeiten.
- Dann war das offensichtlich nicht mein Traumjob. Mein Traumjob ist der, bei dem der Arbeitgeber weiß, was er an mir hat.
- Es gibt nicht nur einen Traumjob! Es gibt Dutzende! Auf zum nächsten! Wer sucht, findet.
- Ich war wohl überqualifiziert.
- Das ist nur ein Misserfolg. Misserfolge sind das, was vor dem Erfolg kommt.
- Eine Absage ändert doch nichts daran, dass ich einen besseren Job möchte!
- Jetzt erst recht!

Wenn Sie das Gefühl haben, dass das langsam etwas euphorisch wird: Recht haben Sie! Sich zu bewerben ist eine Übung in Optimismus, never give up, whatever it takes, Zivilcourage, ständiger Selbstaufmunterung und angewandter Zuversicht. Das schaffen Sie alleine nicht? Danke für den Hinweis. Wir Frauen sind soziale Wesen.

> **! Tipp**
>
> Wenn Sie sich selbst nicht (genügend) aufbauen können oder wollen, beauftragen Sie den Kreis der Freundinnen, die beste Freundin, einen besten Freund (wenn ein Mann das tatsächlich kann, kann er es oft besser als Frauen, die selbst ein etwas schwaches Selbstvertrauen haben). Eine Mentorin wäre noch besser, ganz prima wäre eine Coachin oder ein Elternteil, der das erwiesenermaßen ganz toll kann.

Ein Vater sagte einmal zu seiner zerknirschten habilitierten Tochter, nachdem der x-te Ruf wieder nicht an sie, sondern an einen aufgeblasenen Kollegen gegangen war: »Ich bin emeritierter Professor. Ich habe dich großgezogen. Ich habe deine Ausbildung begleitet. Es gibt nur zwei Menschen auf der Welt, denen ich ein valides Urteil über deine Qualifikation zugestehe. Und wenn einer davon wegen einer blöden Absage in der Ecke schmollt, dann bleibe nur ich übrig, um dich daran zu erinnern: Eine Universität, die deine Qualität nicht erkennt, kannst du in der Pfeife rauchen!« Der Papa ist schon lange tot. Aber jede berufliche (und private) Enttäuschung quittiert die Tochter seither mit dem Hinweis auf die Pfeife. Manchmal kichert sie dabei. Wer bei Rückschlägen kichert, hat ein stabiles, fittes, gesundes Selbstwertgefühl. Das wünsche ich Ihnen.

Eine Coachee, Führungskraft, 32, ein Kind, wandte an dieser Stelle ein: »Frauen in Führungspositionen haben selten Freundinnen mit vergleichbarem Background. Auch in den Netzwerken tauscht man sich zwar aus, aber vertrauliche Gespräche sind eher selten. Und nicht jede nimmt sich einen Coach. Wenn ich mich selbst nicht aufbauen kann oder möchte, gehe ich an den Bücherschrank. Darin finde ich genügend aufbauende Fachliteratur oder Romane.« Ich möchte diesen Tipp in unseren Zeiten der Vereinzelung nicht unterschlagen. Bücher können (und wollen) gute Freunde sein. Ich hoffe, dieses hier ist eine gute Freundin. Ganz generell und vor allem dann, wenn Sie eine frische Portion Mut benötigen.

Die legendäre Solidarität unter Frauen …

… wird auch als legendär bezeichnet, weil es sie oft nicht gibt. Alessandra erfährt das, als durchsickert, dass sie sich um die Leitung der Niederlassung bemüht. Fünf ihrer Kolleginnen geben sich seither etwas komisch, eine spricht es aus: »Dass du jetzt bald Chefin wirst, finde ich nicht schön. Mit dir konnte man einfach immer vernünftig reden.« Und das kann frau ab sofort nicht mehr? Alessandra ist schockiert. Ihr Magen macht Knoten.

Viele Frauen lassen es nicht so weit kommen. Sie bewerben sich gleich gar nicht, weil sie die ex- oder implizite Ablehnung ihrer Peergroup, ihrer sozialen Bezugsgruppe fürchten. Zur Erinnerung: Für Frauen ist der soziale Zusammenhalt unter ihresgleichen sehr viel wichtiger als für Männer. Männer sind beruflich auch gern mal Solisten, die eher nach der Regel spielen: *Es kann nur einen geben!* (Deshalb war die Highlander-Filmreihe mit diesem Slogan bei den Männern so beliebt.) Um die Dimension der psychologischen Wirkung anzudeuten: Für viele Frauen ist der Ausschluss aus dem Kreis der Freundinnen gleichbedeutend mit dem sozialen Tod. Also bewirbt frau sich prophylaktisch lieber nicht. Es sei denn, sie heißt Alessandra.

Nach dem ersten Schock und nach einem empörten Anruf bei der Coachin (es hätte auch die beste Freundin sein können), sagt sie anderntags zur furchtsamen Kollegin: »Susi, nun mach mal halblang. Falls ich den Job kriege — und das ist ein großes Falls —, ändert sich nichts zwischen uns (das sollte es schon, aber das sagt frau nicht, das führt sie danach behutsam ein). Wir duzen uns natürlich weiterhin. Und dann kannst du auch sicher sein, dass endlich die Damentoilette renoviert wird und wir freitags um zwei Schluss machen wie jede andere normale Firma am Ort auch!« Und schon hellt sich Susis Miene auf. Noch zwei, drei dieser Orientierungsgespräche und die Peergroup ändert ihre Meinung. Das nennt man Führung. Ach was? Viele denken, Führung sei Macht. Das stimmt nicht. In den Händen einer selbstbewussten Frau ist Führung die Freude daran, die Verhältnisse zum Besseren zu verändern.

> **Achtung**
>
> Rechnen Sie damit, dass Ihr Berufswunsch durchaus Ablehnung aus den eigenen Reihen, der Familie und dem engsten Kreis hervorbringt. Akzeptanz sollten Sie nicht voraussetzen, sondern mit guten Gesprächen aufbauen.

Viele Frauen rechnen nicht mit solchen Anfeindungen und reagieren darauf entweder empört, enttäuscht und passiv oder trotzig-aggressiv. Damit erreichen Sie nicht das, was Sie möchten: Anerkennung. Die bekommen Sie nur, wenn Sie sich darum bemühen und den Leuten klarmachen, dass deren Interessen nicht durch Ihren Berufswunsch bedroht sind.

Und die mangelnde männliche Solidarität

Häufig bekommt eine Frau, die sich beruflich verbessern möchte, es mit der mangelnden Solidarität ihrer männlichen Mitbewerber zu tun. Auch Alessandra.

Irgendwann im laufenden Bewerbungsprozess stellt sie schockiert fest: *Meine männlichen Kollegen sind alle gegen mich!* Ja, klar. Hast du etwa Solidarität von Konkurrenten erwartet? Solidarität mit einer Frau, die ihnen einen lukrativen Job wegschnappen möchte?

Einfachster Tipp: Suchen Sie sich eine Mentorin, eine Coachin, eine Freundin oder eine Partnerin in einem Frauennetzwerk, die dasselbe schon durchgemacht hat. Ihre Tipps sind Gold wert. Zum Beispiel, wenn sie sagt: »Die beißen nicht. Die wollen nur spielen. Und das Spiel heißt Vollkontakt-Hockey. Die spielen mit harten Bandagen — aber es ist bloß ein Spiel. Wenn die Sie verbal angehen, laufen Sie nicht wutschnaubend weg, sondern geben Sie charmant, aber souverän Kontra. Dann geben die auch bald Ruhe. Das ist bloß ein Test. Die wollen sehen, ob Sie's draufhaben und dagegenhalten können.«

Zur Erinnerung: Kontra zu geben fällt umso leichter und macht umso mehr Spaß, je fitter das eigene Selbstwertgefühl ist. Tun Sie sich damit noch schwer, ist Ihr Selbstwertgefühl noch nicht fit genug. Gönnen Sie ihm ein paar Trainingseinheiten!

Oft sagen mir auch Coachees: »Was denkt denn so ein Personaler von einer Frau wie mir? Dass ich eine Feministen-Zicke bin, die nur auf Karriere aus ist?« Dass frau so etwas befürchtet, ist leider fast normal. Wir befürchten viel und gerne.

> **! Achtung**
>
> Das Unklügste, was Sie mit einer Befürchtung anstellen können, ist, es dabei bewenden zu lassen. Zweifel sollten wir immer ernst nehmen. So ernst, dass wir sie an der Realität überprüfen.

Fragen für den Reality-Check:
1. Stimmt das wirklich?
2. Bringt mich dieser Gedanke weiter?
3. Wie gehe ich mit der Situation um?

Zu 1.: Es stimmt eben mehrheitlich nicht mehr, dass Personaler und Führungskräfte schlecht über berufstätige und karrierebewusste Frauen denken. Im Gegenteil. Die wollen auch ihre (informelle) Frauenquote erfüllen.

Zu 2.: Selbst wenn der Personalreferent ein alter Chauvi ist (die sind seltener, als Sie fürchten): Na und? Sich deshalb wie ein Kaninchen zu verkriechen, bringt Sie nicht weiter. Wie Helen Reddy sang: »I am woman, hear me roar!«

Zu 3.: Die klügste aller Fragen. Selbst wenn ich merke, dass jemand mir gegenüber voreingenommen ist: Damit kann ich umgehen! Das passiert mir jeden Tag mehrfach. Ich weiß, wie man Menschen für sich gewinnt (das ist ein anderes Thema, ein anderes Buch).

Keine Eintagsfliegen-Bewerbung!

Wenn einer erfahrenen, kompetenten Bewerberin und einem erfahrenen, kompetenten Bewerber jeweils gleichzeitig zwei attraktive Angebote von Arbeitgebern in spe vorliegen, dann sagt sich typischerweise der männliche Bewerber: *Wie geil ist das denn? Gleich zwei Firmen wollen mich!* Während Frauen tendenziell eher denken — erraten Sie's? *Mist, jetzt muss ich einem absagen! Wie komme ich aus dieser Kiste wieder raus?* Hallo?

Weil wir Frauen uns davor fürchten, Absagen zu bekommen, sprechen wir auch ungern selbst welche aus. Deshalb sagen wir oft Ja, wenn wir eigentlich Nein denken. Und bewerben uns schön der Reihe nach: Erst die eine Bewerbung — abwarten, abwarten, abwarten —, dann die nächste. Damit wir nie in die Verlegenheit kommen, eine »überschüssige« Zusage absagen zu müssen. Das ist verständlich, aber damit sind Sie unter Umständen alt und grau, bevor Sie Ihren Traumjob landen!

> **Tipp**
>
> Für die Bewerbung gilt: Auf alles bewerben, was nicht bei drei auf den Bäumen ist. Im erfreulichen »Notfall« können Sie immer noch freundlich absagen.

Warum fallen uns Absagen so schwer? Weil wir andere nicht enttäuschen wollen. Das ist das Problem. Und die Lösung: Dann tun Sie's nicht! Formulieren Sie so, dass neben der objektiven Absage auch ein subjektiv gutes Gefühl rüberkommt, zum Beispiel: *Sehr geehrte Damen und Herren! Herzlichen Dank für Ihre Zusage, über die ich mich sehr freue. Ich würde Ihr attraktives Angebot gerne annehmen, habe mich jedoch inzwischen für eine Stelle entschieden, die ...* (näher am Wohnort liegt — oder jeder andere, eventuell vorgeschobene Grund, der den Empfänger sein Gesicht wahren lässt).

»Wieder nichts für mich dabei!«

Auch das frustriert. Das muss nicht sein. Mit hoher Wahrscheinlichkeit begehen Sie einen Denkfehler: Sie sortieren Stellenangebote aus, die tatsächlich sehr gut zu Ihnen passen würden, weil Sie die Anforderungen zu eng auslegen: *Wenn da Branchenerfahrung steht, muss ich Branchenerfahrung haben!* Nein, müssen Sie nicht. Was da steht, ist nicht, was gemeint ist. Oft kommen Bewerberinnen überhaupt gar nicht auf die Idee, dass Personalverantwortliche in anderen Branchen, mit anderen betrieblichen Funktionen oder aus anderen Unternehmen der Supply-Chain (Lieferkette) Wert auf ihre Fähigkeiten legen könnten.

> **! Tipp**
>
> Zu wenig »passende« Stellenangebote? Bewerben Sie sich einfach zum Spaß und probehalber auf alles, was halbwegs Ihren Vorstellungen entspricht.

Mit der Betonung auf halbwegs. Sie können auch »ganz verrückte« Bewerbungen schreiben, die auf den ersten Blick gar nicht für Sie passen. Das macht keine Frau? Doch. Machen wir. Wenn Sie bei Google »Bewerbung Frauen« eingeben, landen Sie rund eine Million Treffer. Dort finden Sie zu vielen der aufgeführten Fachartikel Kommentare von Frauen, die oft interessanter, da praxisnäher sind als die Beiträge selbst. Dort schreiben Frauen über ihre persönlichen Erfahrungen: sehr zu empfehlen. In diesen informellen Foren ist immer wieder zu lesen: *Ich habe mich damals nur auf Verdacht beworben, aus der Not (oder aus Jux) heraus. Nie hätte ich gedacht, dass das so ein toller Job ist!* Das kann man auch nicht denken. Weil man nicht von außen in den Job reinsehen kann. Also: bewerben, bewerben, bewerben!

Das ist die faktische Seite von: *Wieder nichts für mich dabei!* Die subjektive Seite ist: *Keiner will mich, seufz!* Selbst wenn es so wäre: Kommt es darauf an? Ja, auch. Aber worauf kommt es noch viel stärker an? Dass Sie sich wollen. Ehrlich: Keine Zusage von außen kann die Zusage von innen ersetzen (die sogenannte Selbstakzeptanz), die Sie sich selbst vorenthalten. Denken wir daran: Joanne K. Rowling kassierte ein Dutzend Absagen der renommiertesten Verlage, bevor ein winziger Verlag die minimale Menge von 500 Exemplaren ihres ersten Harry-Potter-Bands druckte. Was sich die anderen Verlage jetzt ärgern müssen ... Wer an sich glaubt, den machen Absagen nur noch stärker, weil: *Ich weiß, was ich kann – daran ändert eine Absage nichts.*

Self-Talk: Tu dir selber gut!

Viele von uns neigen schon in normalen Zeiten etwas zum Grübeln und zu Selbstzweifeln. In Stressphasen machen wir das besonders intensiv, also auch in Bewerbungszeiten. Beim Vorstellungsgespräch kamen wir mehrfach ins Stottern? Dann rattert es im Kopf: *Warum bin ich immer so nervös? Ich krieg das nie hin!* Würden Sie so etwas einer Fünfjährigen sagen, die gerade Fahrradfahren lernt? »Du lernst das nie!«

Das wäre grausam. Aber uns selbst tun wir solche Grausamkeiten an, in Stressphasen gehäuft. Das liegt am inneren Monolog: Er ist tendenziös, wird von Denkprädispositionen, schlechten Angewohnheiten, veralteten Anpassungsstrategien aus der Kindheit und Glaubenssätzen in eine bestimmte Richtung gezogen. Unbewusst. Also können wir bewusst etwas dagegen tun. Nein: Nicht, indem wir uns belastende Gedanken und Gefühle verbieten. Wie Sie selbst festgestellt haben werden, funktioniert das nicht gut und nicht nachhaltig (wegen: What you resist, persists; siehe Kapitel 1).

> **Tipp** !
>
> Machen Sie aus dem inneren Monolog — den Zweifeln, dem Frust, den Selbstvorwürfen — einen inneren Dialog. Wertschätzen (siehe Kapitel 1) Sie Ihre Zweifel und Bedenken, dann geben sie Ruhe — was sie nicht tun, wenn man sie bekämpft. Und dann reagieren Sie auf den destruktiven Monolog mit einer konstruktiven Erwiderung.

Das macht nicht viel Arbeit, weil es im Grunde immer dieselben Gedanken sind, mit denen wir uns (unbewusst, unreflektiert) runterziehen.

> **Übung**
>
> Sie kennen diese Gedanken — Achtsamkeit vorausgesetzt. Nehmen Sie sie in den Dialog! Entweder frei oder mithilfe unserer vierten Das-kann-ich-besser-Übung.

ARBEITSHILFE ONLINE

Warum haben Sie und ich das nötig? Weil wir anders sozialisiert wurden: zirkulär. Uns ist die soziale Anerkennung anderer Menschen so wichtig, dass wir uns lieber selbst Vorwürfe machen (um uns anzuspornen), bevor andere sie uns machen. Und weil wir eigene Verdienste selten mit eigener Leistung erklären (siehe Impostor-Syndrom). Das ist nicht schlimm. Das ist einfach so. Doch je heftiger Sie das bei der Bewerbung und anderswo bremst, desto intensiver sollten Sie den KID, den Konstruktiven Inneren Dialog üben und vor allem täglich pflegen.

Selbstbewusstsein für Fortgeschrittene

Am Ende des Kapitels einige kleine Aufgaben für Sie:
- Bitte schreiben Sie eine Initiativbewerbung. Also eine Bewerbung, für die keine Stellenanzeige vorliegt. Sie bewerben sich sozusagen »kalt«.
- Suchen Sie sich eine Stellenanzeige aus und rufen Sie mit einer Sachfrage vorab im Unternehmen an: »Ich habe eben Ihre Anzeige gelesen und habe eine Frage dazu …«
- Wenn Sie seit zwei Wochen nichts mehr von einer laufenden Bewerbung gehört haben, rufen Sie doch mal im Unternehmen an und fragen Sie freundlich nach dem Stand der Dinge.

- Rufen Sie »kalt« bei einem Unternehmen an und fragen Sie, welche Fachabteilungen gerade für welche Positionen einstellen.

Huch? Herrjemine? In der Tat. Frauen mit Wonderwoman-Selbstbewusstsein fällt all das leicht. Nicht nur das. Es macht Ihnen Spaß. Ihnen nicht? Dann eben noch nicht. Tun Sie so lange etwas für Ihr Selbstbewusstsein, bis Sie sich auch diese fortgeschrittenen Übungen zutrauen. Wie Sie Ihr Selbstvertrauen fit machen, haben Sie in diesem Kapitel gelesen.

Bei besonders hartnäckigen Fällen von mangelndem Selbstbewusstsein haben meine Coachees, meine Seminarteilnehmerinnen, Trainerkolleginnen und ich übrigens sehr gute Erfahrungen mit ZRM, dem Zürcher Ressourcen Modell nach Dr. Maja Storch und Dr. Frank Krause gemacht. Dazu gibt es inzwischen gute Bücher, Seminare und Coachings. Einen Einstieg in das Modell finden Sie unter http://majastorch.de.

Unter mangelndem Selbstwert leiden übrigens nicht nur Facharbeiterinnen und Büroangestellte, sondern auch Vorständinnen, Bereichs- und Abteilungsleiterinnen. Dafür schämt sich heute keine mehr. Das wäre so, als ob Sie sich für mangelnde Französischkenntnisse schämen würden. Da schämt frau sich nicht, da belegt sie einen Sprachkurs.

Wieder reinkommen

Oft bringt der berufliche Wiedereinstieg besonders heftiges Zaudern und Zweifeln mit sich. Dabei spielt es meiner Erfahrung nach keine Rolle, wie lang die Familienphase einer Frau war und auf welche Hierarchieebene sie zurückmöchte. Denn der Selbstzweifel ist stärker mit der Persönlichkeit einer Frau als mit der Dauer ihrer beruflichen Pause korreliert. *Was ist, wenn ich zurückkomme, meine angeblich garantiert frei gehaltene Position gibt es nicht mehr und ich werde in der Rumpelkammer geparkt, bis ich von alleine gehe?*

Was schätzen Sie: Wer fragte das? Eine verunsicherte Teamassistentin? Nein, eine gestandene Bereichsleiterin. Wenn frau Selbstzweifel quälen, dann verschwinden die nicht ab einer bestimmten Karrierestufe. Gegen die menschliche und verständliche Schwellenangst des Wiedereinstiegs hilft dies:
- Wenden Sie die Tipps zu den Spielregeln und zum Selbstwertgefühl in diesem Buch besonders intensiv und häufig an.
- Nutzen Sie eines der vielen Angebote verschiedenster Träger und Veranstalter zum beruflichen Wiedereinstieg.

- Reden Sie mit Frauen, die das schon geschafft haben — gerne auch virtuell im Internet.
- Vertiefen Sie Ihr Wiedereinstiegswissen (siehe Kapitel 8).
- Nehmen Sie sich eine Coachin.

Ich empfehle auf diesen Seiten häufiger die Coachin. Damit sage ich nicht, dass Männer keine Frauen coachen können. Einige können das sehr gut. Wählen Sie die Person, die Ihnen entspricht.

Aus dem Gelesenen können Sie schlussfolgern: Eine Familienpause an sich ist kein sachlicher Hinderungsgrund für den Wiedereinstieg. Das denken Frauen lediglich. Kein Personaler denkt das. Auch wenn er es sagt. Dann formuliert er zum Beispiel so: »Trauen Sie sich nach dieser langen Pause denn wieder einen solchen Job zu?« Er sagt das nicht, weil er es Ihnen nicht zutraut. Sondern weil er von Ihnen möglichst motiviert und fundiert davon überzeugt werden möchte, dass Sie es draufhaben wie eh und je.

Das Stehauffrauchen

Immer wieder tröste ich gute Bekannte, die nach einer Absage oder einer nicht erfolgten Einladung am Boden zerstört sind. Sie sagen Sätze wie: »Aber ich brauche den Job!« Oder: »Das wäre mein Traumjob gewesen!« Oder schlicht: »Das können die doch nicht machen! Ich habe fest damit gerechnet! Und die haben mir eine Zusage auch avisiert! Das ist so fies!« Stimmt. Und es ist noch etwas: selbstschädigend.

> **Tipp**
>
> Man sollte sein Herz nicht allzu sehr an Dinge hängen. Oder an Jobangebote und flüchtige Beziehungen. Aber am allerwenigsten an fixe Vorstellungen und Erwartungen der Art: *Das muss unbedingt klappen, sonst ...!*

Wir machen das gerne und oft. Aber es tut uns nicht gut. Besser wäre: *Wenn's klappt, prima. Wenn nicht, finde ich was anderes, das mindestens genauso gut ist — oder noch besser!* Was weg ist, ist weg. Hat nicht sollen sein. Schlussstrich ziehen, Schwamm drüber, weitermachen, nach vorne blicken. Oder wie Ginger Rogers mit den unsterblichen Worten von Dorothy Fields sang: »I pick myself up, I dust myself off, start all over again!«

Das sagte man 1936, heute geht es um: bounce-back Quality. Stehauffrauchen-Qualität. Haben Sie die? Haben Sie jetzt, nachdem Ihnen ein ganzes Kapitel zum Aufbau Ihres Selbstvertrauens zur Verfügung steht. Nutzen Sie es.

3 Wie schreibt man das bloß? Ihre schriftliche Bewerbung

*»Of all those arts in which the wise excel,
Nature's chief masterpiece is writing well.«*
John Sheffield, 1st Duke of Buckingham and Normanby, 1723

*»Wenn du schreiben kannst, wird dir das mehr Nutzen bringen
als alle anderen Berufe.«*
Aus der Lehre des Cheti, ca. 1970 v. Chr.

Schreibfrust? Ganz normal

Bewerbungen schreiben? Die meisten Menschen erleben schon beim bloßen Gedanken daran denselben Unwillen wie bei: Steuererklärung ausfüllen, Behördengang machen oder den Speicher aufräumen. Das ist ganz normal. Nicht Ihre Schuld.

Das Verfassen zweckmäßiger Texte ist in Zeiten von Twitter, WhatsApp, Facebook und YouTube derart heftig aus der Mode gekommen, dass uns schlicht die Übung fehlt. Was wir beruflich schreiben, ist als Übung meist auch untauglich. Wer es nicht übt, kann's nicht, und wer es nicht mehr kann, fühlt sich eben unwohl dabei. Und macht Fehler.

So schreibt zum Beispiel eine Fachkraft mit fünfjähriger Berufserfahrung und Abitur in ihrem Anschreiben: *Ganz normal kümmert ich mich um den Bereich, wo es um die Kunden geht.* Ich weiß nicht, wie es Ihnen geht, aber mir krampft sich dabei der Magen zusammen. Wie viele Fehler entdecken Sie? Wenn man pingelig ist — und Personaler stehen in diesem Ruf —, sind es sechs: drei stilistische, ein fachlicher, ein grammatikalischer und ein Vertipper. In einem einzigen Satz.

Die Personalleiterin, die mir die Bewerbung — natürlich anonymisiert — zeigte, erklärte: »Das arme Mädchen. Die mag fachlich noch so kompetent sein, aber wer stellt so jemanden ein? Ich habe schätzungsweise sieben Sekunden für den ersten Blick auf eine Bewerbung. Entdecke ich Fehler, bin ich froh, wenn ich die Bewerbung zurückschicken kann: eine weniger, das entlastet.« Das Gerücht sagt, dass ab zwei Vertippern in Anschreiben, Lebenslauf und Zeugnissen zusammengenommen (!) die Bewerbung ignoriert wird. Es gibt Bewerberinnen, die reagieren entrüstet: »Ich bin Buchhalterin und keine Germanistin. Ich kann den Kontenrahmen rückwärts auswendig. Wenn ich für diesen Job aber den Duden auswendig kennen soll, will ich da sowieso nicht arbeiten.« Eine solche Einstellung ist bewundernswert selbstbewusst, erhöht jedoch angesichts der Fehlerquote in einer Bewerbung nicht die Chancen auf Einladung und Einstellung.

Wenn Sie nicht so selbstbewusst sind und gleichzeitig Ihre Chancen für eine Einladung steigern wollen: Schreiben Sie fehlerfrei! Nein, das erfordert kein Germanistikstudium. Es erfordert lediglich etwas Sorgfalt, ein Wörterbuch und das Vier-Augen-Prinzip.

Die erste Regel: Bitte fehlerfrei

Ein Personalleiter sagte mir: »Ich kriege immer wieder Bewerbungen, auf denen die Unterschrift fehlt. Ich weiß, wenn es schnell gehen muss und man schon zigmal dasselbe ausgedruckt hat, kann das passieren. Aber ich sehe daran: Die Bewerberin hat nicht die nötige Sorgfalt aufgewandt. Also lade ich sie nicht ein.« Das ist hart und unfair, aber eben seine Vorgehensweise. Erinnern Sie sich an Kapitel 2? Wo wir die Spielregeln besprochen haben, nach denen Sie eingestellt werden (oder eben nicht)?

> **! Achtung**
>
> Vertipper und andere Fehler sagen nichts über Ihre fachliche, soziale und kommunikative Kompetenz. Doch die Spielregel vieler überlasteter Personaler lautet eben: »Fehler? Weg damit!«

Selbst viele Personalverantwortliche halten das für leicht überzogen. Doch was soll man machen, wenn man 200 Bewerbungen an einem Tag sichten soll? Bewerbungen müssen fehlerfrei sein. Das weiß jede vernünftige Bewerberin. Das steht auch überall zu lesen. Was kaum irgendwo steht, ist: Wie werden Sie fehlerfrei?

- Copy and Paste ist eine häufige Fehlerquelle: Alte Textpassagen werden in eine neue Bewerbung hineinkopiert. Das ist erlaubt — wenn man danach mit der Lupe prüft, ob im neuen textlichen Zusammenhang auch wirklich alles passt.
- Erstaunlich viele Menschen lassen die Endkorrektur aus: *Och, das hab ich jetzt doch zigmal überarbeitet!* Sie sind geradezu körperlich allergisch gegen Wiederholungen. Sie wissen, dass sie dabei Fehler übersehen. Aber sie geben dem inneren Schweinehund nach. Tun Sie's nicht!
- *Das ist fehlerfrei! Ich habe das zigmal durchgelesen!* Das ist eher ein Grund für als gegen Fehler. Je öfter man einen selbst geschriebenen Text liest, desto fehlerblinder wird man. Es sei denn, Sie sind geschulte Korrektorin (früher war das ein Ausbildungsberuf). Sind Sie?

- Nein? Dann gilt das Vier-Augen-Prinzip: Lassen Sie gegenlesen! Von jemandem, der den Duden gefrühstückt, Germanistik studiert hat, Texter oder Redakteur oder anderweitig schriftfest ist. Da Frauen oft tadellos vernetzt sind, findet sich meist ein geeigneter Korrekturleser im Netzwerk. Wenn noch nicht: Schauen Sie sich um!
- *Ich habe die Rechtschreibprüfung vom Schreibprogramm drüberlaufen lassen!* Diese ist selbst für Vertipper leider nicht hundertprozentig zuverlässig. Zu Stil-, Verständnis-, Wirkungs- und Fragen des passenden und wirksamen Ausdrucks kann die Software überhaupt nichts sagen.
- Sie sagt auch nichts zu falschen Namen in der Anrede: ein häufiger Fehler (oft verursacht durch Copy and Paste).
- Noch schneller fehlerfrei und wirkungsvoller im Ausdruck werden Sie, wenn Sie den Korrektor nicht erst hinterher, sondern schon beim Texten hinzuziehen. Es gibt viele wortgewandte und schriftgeübte Menschen, die das gerne und für ein aufrichtiges Dankeschön oder eine Einladung zum Essen machen.
- Manche Frauen lassen sich ihre Bewerbung von Profis (Textern, Redakteuren, Ghostwritern, Journalisten, Germanistikstudierenden, Karriere-Coaches …) schreiben — natürlich nach ihren Angaben und Vorlieben. Entgeltlich oder unentgeltlich. Und natürlich interaktiv: Man arbeitet gemeinsam am Textentwurf.
- Je unsicherer Sie sich zu Beginn beim Texten noch fühlen, desto eher sollten Sie externe Unterstützung suchen.

> **Tipp**
> Sie müssen kein fehlerfreies, mitreißendes und überzeugendes Anschreiben verfassen können. Aber jemanden kennen, der das kann, sollten Sie.

Ja schreibt denn heutzutage keine mehr selbst? Doch, natürlich. Der übliche Ablauf ist: Bei der ersten Bewerbung nach einer langen Pause kommen noch 80 Prozent der Formulierungen vom kompetenten Helfer. Mit jeder neuen Bewerbung übernimmt die kluge Bewerberin dann aus älteren Versionen Musterformulierungen, passt sie selbst an und kriegt mit jedem Mal besser den Bogen raus. Nach fünf bis zehn Bewerbungen textet jede intelligente Bewerberin fast so gut wie der Profi — und authentischer. Das gilt auch für Sie, das kann ich Ihnen versprechen: Schreiben lernt frau am besten beim Schreiben.

Fortgeschrittene Bewerberinnen nutzen für die Umsetzung des Vier-Augen-Prinzips beim Korrigieren und gemeinsamen Texten übrigens nicht »nur« Helfer(innen) mit Schriftkompetenz, sondern auch solche mit Werbe-, Marketing- oder Bewerbungskompetenz und beruflicher Erfahrung, idealerweise auf vorgesetzter Ebene. Deren Fähigkeiten helfen, noch bessere Formulierungen zu finden, die noch besser bei den Verantwortlichen ankommen.

Für die Solistin

Sie kennen wirklich niemanden, der Sie kompetent unterstützen könnte? Ihr Netzwerk umfasst 50 Freundinnen, aber keine professionellen Kontakte? Dann machen Sie es eben solo. Schreiben ist wie Tennisspielen: Frau lernt's beim Tun.

Wobei lernen voraussetzt, dass man die Verbesserungspotenziale bei der eigenen Schreiberei erkennt. Die unglücklichsten Bewerbungen sind oft jene, von denen die Schreiberin implizit überzeugt ist: *Das geht schon so!* Wenn Sie dagegen nach jeder abgeschickten Bewerbung denken: *Beim nächsten Mal schreibe ich dies und jenes aber besser!*, sind Sie auf dem besten Weg, wirklich gut und überzeugend zu schreiben. Das Gegenteil gilt übrigens auch.

> **Tipp**
>
> Bitte nicht zu lange an Formulierungen herumfeilen! Manche lassen eine Bewerbung tagelang liegen, weil sie noch nicht die richtige Formulierung gefunden haben. Während weitaus weniger tolle Unterlagen schon im Personalbüro liegen und andere das Rennen machen. Wir Frauen neigen dazu, uns in den sogenannten Writer's Block, die Schreibblockade, reinzuperfektionieren: *Das ist noch nicht gut genug!* Deshalb gilt: Am ersten Tag aufsetzen und feilen. Am zweiten Tag gegenlesen und korrigieren/verbessern. Wenn Sie bessere Formulierungen finden — prima. Wenn nicht: Auch gut. Raus damit. Bewerbung verschicken. Beim nächsten Mal machen Sie es dann besser.

Wenn Sie für das Gegenlesen und Korrigieren kein zweites Paar Augen finden, nutzen Sie die Tricks der professionellen Korrektoren:

- Decken Sie den Text ab und lesen Sie immer nur Wort für Wort, Buchstabe für Buchstabe.
- Oder lesen Sie den Text von hinten Wort für Wort.
- Oder lesen Sie laut.
- Oder fragen Sie sich: Wenn der Fehlerteufel ein Eichhörnchen ist — wo könnte es sich verstecken?
- Oder nehmen Sie alle Tipps zusammen.

Damit hätten wir die notwendige Voraussetzung für eine erfolgreiche Bewerbung unter Dach und Fach: Fehlerfreiheit. Die hinreichende Voraussetzung ist etwas anspruchsvoller: überzeugender Ausdruck.

Wenn Sie überzeugt sind, überzeugen Sie auch

Das Anschreiben heißt heute auch »Motivationsschreiben«, weil es nicht darum geht, jemanden anzuschreiben, sondern darum, Ihren Arbeitgeber in spe zu überzeugen. Ihn zu motivieren, Sie einzuladen. Jede Frau weiß das, weil es überall steht. Das lesen Frauen dann, kommen danach irritiert in die Coaching-Praxis und sagen zu mir: »Aber ich bin kein Angeber wie die Kollegen! Ich will mich nicht so ranschmeißen. Dabei fühle ich mich nicht wohl! Ich will nicht eitel das Rad schlagen! So will ich nicht wirken!« Ich verrate Ihnen ein Geheimnis: So wirken Sie nicht! Denn wieder gilt eine andere Spielregel als jene, von der viele Frauen ausgehen.

> **Achtung** !
>
> Was für so manche Frau prahlerisch wirkt, halten Personalverantwortliche für überzeugend. Was Frauen als das Rad schlagen empfinden, betrachten Personaler als souverän. Frauen sehen Angeberei, wo Unternehmensvertreter Self-Marketing feststellen. Was Frauen übertrieben finden, finden männliche und weibliche (!) Vorgesetzte einfach nur selbstbewusst.

Ja, auch weibliche Personalverantwortliche beklagen die seltsam irreführende Ausdrucksschwäche von Frauen. Eine Personalchefin erzählt zum Beispiel: »Im Lebenslauf gibt die Bewerberin gute Englischkenntnisse an. Im Bewerbungsgespräch stellt sich heraus, dass sie als Trainerin einer Wettkampfgymnastik-Truppe im Ausland als Dolmetscherin fungiert. Die spricht nicht gut! Die ist praktisch eine halbe Professionelle! Und schreibt das nicht rein in den Lebenslauf! Weil das ›ja bloß ein Hobby‹ ist! Dabei legen wir größten Wert auf Internationalität. Und ich hätte sie fast nicht eingeladen.«

Wenn Sie Ihre Erfolge, Leistungen und Fähigkeiten wahrheitsgemäß beschreiben, ist das nicht prahlerisch, sondern ehrlich und überzeugend. Das gilt selbst dann, wenn Sie Ihre Fähigkeiten leicht übertrieben darstellen. Das ist wie Mode: Das trägt frau heute so! Sagen Sie sich das, so oft es nötig ist. Besser: Öfter! Hinter der weiblichen Ausdrucksschwäche steckt oft das Impostor-Syndrom (siehe Kapitel 2): Wir sind nicht wirklich stolz auf unsere Fähigkeiten und Leistungen, deshalb beschreiben wir sie auch nicht voller Stolz. Überwinden Sie diese Selbstsabotage bei Ihren Bewerbungen mit der obersten Spielregel fürs Schreiben und Reden.

> **Tipp** !
>
> Wenn Sie überzeugt sind von Ihren Fähigkeiten und Leistungen, können Sie auch andere davon überzeugen.

Wie wird frau von sich selbst überzeugt? In jedem Führungskräftetraining gibt es eine Stärken-Schwächen-Analyse. Das Prinzip ist einfach: Man sollte immer beides kennen und artikulieren können (und wollen). Listen Sie Ihre Stärken auf (Ihre Schwächen kennen Sie bestimmt in- und auswendig). Formulieren Sie zu jeder Stärke jeweils ein, zwei beschreibende Sätze. Das fällt

Frauen oft schwer. Nicht weil sie keine Stärken hätten — ganz im Gegenteil! Sondern weil wir keine/kaum Übung darin haben, über sie zu reden. *Ich bin ziemlich abschlussstark!* Oder: *Ich beherrsche CAD besser als die meisten in der Abteilung.*

ARBEITSHILFE ONLINE

> **Übung**
>
> Sie können die Artikulation Ihrer Stärken nach Belieben üben oder mit Unterstützung unserer fünften Arbeitshilfe.

Die dadurch neu gewonnene oder aufgefrischte und danach regelmäßig gepflegte Selbstüberzeugung sollte dann auch in Ihrer Bewerbung zum Ausdruck kommen: vom ersten Satz an.

Der verflixte erste Satz

Selbst Textprofis kämpfen damit. Damit, in den Text »reinzukommen«. *Bezugnehmend auf Ihre Anzeige ...* kann man sich nur so erklären: Selbst die Schreiberin weiß, dass das kein guter Satz ist — aber bevor einem gar nichts einfällt. Nicht viel besser ist: *Mit Interesse habe ich Ihre Anzeige gelesen ...* Das schreiben viele. So etwas liest ein Personaler ständig. Das langweilt eher. Aber was tun, wenn einem nichts anderes einfällt?

Anstatt mühsam nach formellen Alternativen zu suchen, erinnern Sie sich lieber an die oberste Spielregel fürs Schreiben und Reden bei Bewerbungen: Wer überzeugt ist, überzeugt. Wer überzeugt ist, findet bessere erste Sätze. Nur mit dieser Überzeugung können wir authentische Formulierungen finden wie die folgenden (mein Dank an alle Bewerberinnen, die mir die Zitate »geschenkt« haben):

- *Ihr Anforderungsprofil entspricht genau meinem aktuellen Berufswunsch und meinen in den letzten fünf Berufsjahren gewachsenen Kompetenzen.* Stark, oder? Und muss noch nicht mal hundertprozentig stimmen (das tut es nie). Weil es super wirkt.
- *Als ich eben im Netz auf Ihr Angebot stieß, wusste ich sofort: Da möchte ich dabei sein!* Ja klar, das ist schon arg enthusiastisch. Aber seit wann ist Enthusiasmus etwas Schlechtes? Und suchen nicht alle Arbeitgeber begeisterte Arbeitnehmer? Wen würden Sie zum Interview einladen — eine Langweilerin oder eine Enthusiastin? Nur eines zählt: Der Enthusiasmus sollte authentisch sein. Nicht, weil man ehrlich sein sollte, sondern weil Sie etwas, das nicht authentisch ist, in Zugzwang bringt. Im Interview später müssen Sie diesen schriftlich angekündigten Enthusiasmus ja auch zeigen.

- *Die Herausforderungen und Perspektiven, die Ihr Stellenangebot offeriert, haben mich sofort begeistert.* Wow! Und so heißt das auch: Wow-Effekt.
- *Bei Ihrer neuen, offensiven Marktstrategie an entscheidender Stelle mitzuwirken reizt mich sowohl persönlich als auch beruflich.*

Und so weiter. Ich glaube, Sie haben das Konstruktionsprinzip erkannt: Ein motivierender erster Satz bezieht sich spezifisch (»offensive Marktstrategie«) oder abstrakt (»Herausforderungen und Perspektiven«) auf die Anzeige und verbindet sie mit einer Emotion (»möchte ich dabei sein«, »haben mich begeistert«). Nach diesem Prinzip können Sie selbst Varianten der obigen Mustersätze und eigene Schöpfungen texten (was ich als Übung stark empfehlen möchte — es macht außerdem Spaß). Nehmen Sie eine Passage oder einen Eindruck aus der Anzeige, die oder der Sie besonders anspricht, und formulieren Sie daraus mit gesundem Selbstbewusstsein einen ansprechenden, aktivierenden, interessanten ersten Satz. Einen Satz, der motiviert, sich mit Ihnen auseinanderzusetzen.

Bei vielen Bewerberinnen lösen solche motivierten und motivierenden Formulierungen nicht Begeisterung aus, sondern Druck, Erwartungsdruck: *Ich bin aber nicht so super! Wenn die das lesen, denken die doch, ich bin Olympiasiegerin!* Nein, denken die nicht. Deren Spielregel lautet nicht: Wer so schreibt, muss Nobelpreisträgerin sein! Ihre Regel lautet: Wer so interessant und motiviert schreibt, die laden wir doch ein!

»Sie suchen eine ...«

Vergessen Sie diese Formulierung. Die Firma weiß selbst ganz genau, was sie sucht. Schließlich hat sie die Anzeige aufgegeben.

> **Tipp**
>
> Verbinden Sie die Anforderungen der Stelle mit Ihren eigenen Fähigkeiten und Kompetenzen. Natürlich nicht alle Anforderungen! Das Anschreiben sollte kaum eine DIN-A4-Seite umfassen (in digitaler Form als E-Mail eher noch kürzer). Picken Sie jene Anforderungen heraus, die mit Ihren Fähigkeiten und Kompetenzen am eindrucksvollsten zusammengehen.

Und dann schreiben Sie eben nicht: *Sie suchen eine Leiterin der Buchhaltung ...*, sondern zum Beispiel: *Als Leiterin der Buchhaltung in einem expansiven mittelständischen Unternehmen bin ich seit drei Jahren nicht nur für das komplette Rechnungswesen verantwortlich, sondern habe in dieser Zeit auch eine termintreue und erfolgreiche ERP-Migration abgeschlossen.*

Die Spielregel hinter solchen Formulierungen lautet: *Führen Sie Belege dafür an, warum Sie für die Stelle passen!* Wenn Sie scharf gelesen haben, haben Sie noch eine implizite Regel entdeckt: *Verstärken Sie Ihre Belege!*

Womit? Worauf tippen Sie? Richtig: unter anderem mit ausschmückenden Adjektiven. Wie viele verwendet die Bewerberin von eben? Es sind vier: »expansiv«, »komplett«, »termintreu« und »erfolgreich«. Wieder gilt: Wenn Ihnen solche Ausschmückungen zu prahlerisch erscheinen, leiden Sie vielleicht noch unter den späten Auswirkungen des Impostor-Syndroms. Sie sind noch nicht wirklich von Ihren Fähigkeiten überzeugt. Leisten Sie Überzeugungsarbeit. An sich selbst. Oder wählen Sie andere, etwas weniger starke Adjektive.

Die Suche nach Adjektiven ist mit Männern oft schwer, weil einige ständig mit Worten wie »einzigartig«, »exzellent« oder »einmalig« daherkommen. Mit Frauen ist es auch schwer. Sie wissen zwar, was ihre Aufgaben waren. Wie sie diese erfüllt haben, das haben viele noch nie artikuliert. Macht nichts: Das kommt mit der Übung. Fangen Sie am besten gleich damit an. Aus dem Stehgreif: Was haben Sie heute geleistet? Und wie haben Sie es geleistet? Sie dürfen erst weiterlesen, wenn Ihnen mindestens drei Adjektive oder andere Beschreibungen eingefallen sind.

Noch eine kleine Warnung: Wenn Sie wegen des Vier-Augen-Prinzips Ihre Bewerbung von einer Freundin nicht nur auf Vertipper, sondern auch auf Stil und Ausdruck gegenlesen lassen — nehmen Sie nicht jedes Feedback für bare Münze! Da wir Frauen eben häufig so verflixt bescheiden sind, kommt bei solchen Aktionen oft das Feedback: »So angeberisch kannst du das aber nicht schreiben!« Nicht weil frau das nicht könnte, sondern weil auch die Freundin, die Sie fürs Gegenlesen gewonnen haben, sich heimlich und unreflektiert als Impostor betrachtet. Bedanken Sie sich für das Feedback und berücksichtigen Sie ausschließlich die Hinweise der Freundin auf Rechtschreibung und Zeichensetzung.

Wie Frauen ausgetrickst werden

Manche Bewerber sind ganz schön geladen, wenn sie sich bewerben; das ist oft bei internen Ausschreibungen so. Sie sind wütend, dass sie schon so lange auf die »fällige« Beförderung warten mussten: *Jetzt bin endlich ich dran! Das steht mir zu! Ist doch klar, dass ich den Job bekomme. Die Bewerbung ist reine Formsache!* Formsache?

Es liegt auf der Hand, dass man mit so einer Einstellung — und sei sie noch so berechtigt — keine brauchbare Bewerbung hinbekommt. Denn die sieht man den Unterlagen an. Entweder ist die Bewerbung tatsächlich Formsache, also unmotiviert formuliert, fehler- und formelhaft gestaltet. Oder sie fällt wegen der lange unterdrückten Wut schlicht rechthaberisch oder prahlerisch aus. Normalerweise stehen angesichts solcher Bewerbungen sofort Männer im Verdacht. Doch auch Frauen, die das Gefühl haben, lange übergangen worden zu sein, langen bei einer Bewerbung oft ganz schön hin. Wenn sie ihrer Wut offensiv Luft machen.

Einige Frauen machen das eher passiv. Sie bleiben in ihren Formulierungen im Anschreiben und beim Interview erstaunlich blass, denn: *Die da oben wissen doch, wie gut ich arbeite. Schließlich sagen sie mir seit Jahren, dass ich die Leistungsträgerin der Abteilung bin.* Es tut mir ja leid, aber: Sobald es um die interne Ausschreibung geht, sind solche Bekundungen vergessen. Oft selbst sogar dann, wenn man Ihnen die Position versprochen hat: *Wir müssen das ausschreiben, weil das Vorschrift ist — aber der Job gehört Ihnen, das ist ausgemachte Sache.* Oft führt sogar der eigene Vorgesetzte die nichtsahnende Bewerberin (unabsichtlich!) aufs Glatteis. Er sagt zu ihr: »Die da oben wissen, dass Sie meine beste Mitarbeiterin sind. Ich sage das denen oft genug. Deshalb kriegen Sie den Job.«

Leider wird das meist doch nichts. Denn erstens funktioniert das Old Boys Network lateral (auf derselben Ebene) oder von oben nach unten — aber extrem selten von unten nach oben. Außerdem hat Ihr Chef seinen Chefs gar nichts zu sagen. Und zweitens handelt sich die Bewerberin damit einen strategischen Nachteil ein. Denn sobald sie sich im Vertrauen auf die informelle Zusage nicht wirklich voll reinhängt in die Bewerbung und ein (männlicher, was sonst?) Bewerber eine minimal bessere Bewerbung einreicht, gibt es immer irgendwo ein Entscheidungsgremium oder einen Hierarchen, der Sie nicht kennt und allein aufgrund der Unterlagen sagt: »Warum soll sie den Job kriegen? Er hat doch die viel besseren Qualifikationen!«

Da zählt einzig und allein: Zeigt schon Ihr Anschreiben Ihre Klasse? Also legen Sie sich so ins Zeug, als ob »die da oben« noch nie mit Ihnen zu tun gehabt hätten. Wenn Sie schon so gut sind, liefern Sie auch eine Bewerbung ab, die so gut ist wie Sie. Es gibt keinen Ersatz für eine sorgfältig und motivierend gestaltete Bewerbung, reine Formsache ist das nie.

Lob die Firma!

Es gibt noch sehr viel mehr Überzeugungstechniken — sie würden ein eigenes Buch zum Thema perfektes Motivationsschreiben füllen. Weil der Platz hier nicht reicht, betrachten wir nur einige der wichtigsten. Sehr wirkungsvoll, das wissen wir alle aus unserem Alltag, ist das Lob:

- Ich habe mir als Verkaufsleiterin ein profundes Know-how vor allem bei webbasierten Marktbearbeitungsmaßnahmen erworben. Diesen reichen Erfahrungsschatz steuere ich gerne zur tatkräftigen Unterstützung Ihrer expansiven Marktstrategie im Zuge Ihrer neuen, innovativen Produktreihe bei.
- Die Internationalität Ihres Unternehmens übt einen großen Reiz auf mich aus.
- Gerne möchte ich mich gewinnbringend in Ihr Unternehmen einbringen, dessen beachtliche Produktpalette mich sowohl als Konsumentin wie als Marketing-Spezialistin nachhaltig beeindruckt.

Das ist zu heftig? Ja, das denken viele — und loben nicht. Drehen wir den Spieß um: Was würden Sie denken und empfinden, wenn man(n) Ihnen ein erwartetes, verdientes Lob vorenthalten würde? Die Spielregel lautet: *Lob verfehlt niemals seine Wirkung — sofern es konkret genug ist oder dem Selbstbild des Gelobten entspricht.* Also loben Sie Ihren Arbeitgeber in spe. Das ist wie ein Geschenk, das man als guter Gast bei einer Einladung mitbringt. Das gehört sich.

Standardformulierungen

Dass wir jede einzelne Bewerbung möglichst größtenteils neu, das heißt spezifisch und passgenau, auf die jeweiligen Anforderungen angepasst texten, bedeutet nicht, komplett auf Basisformulierungen zu verzichten. Niemand braucht sich unnötig Arbeit zu machen. Außerdem sind manche Sätze einfach gut und benötigen keine Individualisierung oder Kontextualisierung. Das gilt für die Standardsätze zum Gehaltswunsch, zum frühestmöglichen Arbeitsbeginn und zum Abschluss:

- *Mein Gehaltswunsch beträgt ... Euro.* Wenn Sie gute Informationen über die Gehaltsstruktur im betreffenden Unternehmen haben — oder sehr überzeugt von sich sind.
- *Meine Gehaltsvorstellung bewegt sich zwischen ... und ... Euro.* Wenn aus welchen Gründen auch immer eine Intervallangabe Ihre Chancen auf eine Einladung erhöhen.
- *Mein Gehaltswunsch richtet sich nach Ihren hausinternen Gepflogenheiten.* Wenn Sie keine Ahnung haben, was die Firma bezahlen kann oder möchte, und selbst monetär flexibel sind (was manchmal vorkommen soll).
- *Mein frühestmöglicher Eintrittstermin ist der ...*
- *Über eine Einladung zu einem persönlichen Gespräch freue ich mich.*

Natürlich dürfen Sie diese Sätze abwandeln, wenn Sie möchten. Das möchten Sie automatisch nach der fünften Bewerbung, damit keine Langeweile aufkommt. Und schon bald können Sie dieses Variieren, dank Ihrer Erfahrung.

Beantworten Sie die Frage nach dem Warum

Diese Frage kommt spätestens beim Interview auf. Doch jedem kritischen Leser Ihres Anschreibens fällt sie schon viel früher ein. Menschen sind beim Erstkontakt misstrauisch. Wenn da nicht steht, warum Sie wechseln wollen, denken einige Berufspessimisten im Management möglicherweise: *Die muss wechseln, weil sie in die Kasse gegriffen hat.* Wenn Sie dagegen erst ins Berufsleben starten, denken Verantwortliche, die ihrer Firma kritisch gegenüberstehen (weil sie sie im Gegensatz zu Ihnen kennen): *Die findet wohl nichts Besseres.* Lassen Sie solche Fehlattributionen (Fehlschlüsse) gar nicht erst aufkommen. Schreiben Sie, warum Sie sich bewerben. Ein (Neben)Satz genügt. Vorsicht: Schreiben Sie nichts Negatives, was der Leser Ihrer Zeilen auch auf sich beziehen könnte.

Ich las tatsächlich mal: *..., weil mein aktueller Vorgesetzter meine Leistungen nicht adäquat würdigen kann.* Das ist die reine Wahrheit! Aber der Verantwortliche im angeschriebenen Unternehmen denkt: *Sagt sie das auch mal über mich? Muss man ihr jeden Tag fünfmal Honig ums Maul schmieren? Schwierige Kandidatin — Finger weg!* Ich weiß, das ist gemein. Aber in einer guten Beziehung sagt man dem Partner ja auch nicht auf den Kopf in unverblümten Worten zu, dass er schmatzt wie ein Schwein. Das mag zwar wahr sein, aber klug ist es nicht.

Und wenn Sie sich bewerben, bloß weil Ihr aktueller Arbeitgeber dichtgemacht hat? Oder Ihre Abteilung wegrationalisiert wurde? Sie können das natürlich schreiben. Aber eleganter ist schon eine Umschreibung wie: *Da ich in meiner aktuellen Position kein herausforderndes Weiterkommen mehr sehe ...* Klingt gut und stimmt sogar. Bitte schreiben Sie auch nicht: *... weil ich einen Arbeitsplatz suche, der näher an meinem Wohnort liegt.* Oder: *... damit der Weg in die Kita kürzer ist.* Ohne Scherz, das liest man oft. Und denkt: *Der Bewerberin ist der eigentliche Job und die Firma egal. Die braucht uns bloß, damit sie mehr Freizeit hat.* Das ist das Gegenteil von Motivation.

Taugt der Grund Ende meiner Familienphase auch als Antwort auf die Frage nach dem Warum? Das wäre ehrlich. Sie können diesen Zeitraum jedoch auch im Lebenslauf aufgreifen und schlicht eine andere Erklärung anführen, zum Beispiel: *... da die Anforderungen Ihrer Stelle genau meinen Kompetenzen als langjährige Teamassistentin und darüber hinaus meinen Wünschen für meine weitere berufliche Entwicklung entsprechen.* Ja, ich weiß, das sind Formulierungen, die kein Mensch (außer Politiker und Manager) im normalen Leben verwendet. Aber wenn wir über Mode reden, verwenden wir auch Formulierungen, die wir nie im Gespräch mit einem Mann verwenden würden. Also seien Sie ein wenig sprachflexibel. Außerdem: Je mehr Sie auf diese Weise formulieren, desto eher kriegen Sie den Bogen raus. Und dann macht es auch Spaß. Versprochen.

Kurz gesagt: Verwenden Sie eine Warum-Begründung, die stichhaltig ist und gleichzeitig keinen Bumerang-Effekt auslöst. Hier einige Beispiele:

- *Nach fünf Jahren in der Debitoren-Buchhaltung möchte ich jetzt meinen beruflichen Horizont erweitern und ...* Botschaft: Die Bewerberin ist ehrgeizig, zielstrebig und motiviert.
- *Ich habe mich immer engagiert und erfolgreich um die Kunden unseres Unternehmens gekümmert. Jetzt möchte ich mit Ihrem deutlich größeren Kundenstamm mehr aus meinen Kompetenzen machen.* Botschaft: Die Bewerberin ist leistungsorientiert und will wachsen — wie jede Firma auch.
- *In den letzten drei Jahren ist meine Qualifikation (siehe Lebenslauf) stärker gewachsen als mein Verantwortungsbereich — deshalb finde ich Ihr Angebot attraktiv.* Botschaft: Die Bewerberin entwickelt ihre Kompetenzen engagiert weiter — solche Bewerberinnen braucht jedes Unternehmen.

Es gibt eine zweite Art von Warum-Fragen, die viele Bewerbungen aufwerfen; am Beispiel: *Dank meiner bisherigen Tätigkeit als Projektleiterin bin ich für Ihre ausgeschriebene Stelle bestens geeignet.* Warum? Genauer gefragt: Wie sollte ein interessierter Dritter das nachvollziehen können? Wenn Sie eine Aussage treffen, dann begründen Sie diese auch bitte. Stellen Sie keine isolierten Behauptungen auf. »Aber es ist doch so, wie ich es schreibe!«, protestiert darauf immer jemand im Seminar. Das stimmt. Das zweifelt keiner an. Darum geht es aber nicht. Also nicht darum, ob das Geschriebene wahr, sondern ob es nachvollziehbar ist. Und ohne Begründung, Beleg und Nachweis kann das niemand.

Falls Sie in diesem Kapitel eine ausführliche Würdigung des Lebenslaufs vermissen: Ich gehe davon aus, dass wir alle wissen, wie ein Lebenslauf auszusehen hat. Bücher und Gratisbeispiele im Internet gibt es zuhauf.

»Kann ich *2 Jahre Mutter* schreiben?«

Können Sie, sollten Sie im Lebenslauf jedoch nicht. Denn Mutter ist frau nicht für zwei Jahre, sondern ein ganzes Leben lang. Das sage ich als Mutter. Also schreiben Sie »zwei Jahre Familienzeit«. So lautet das korrekt. Aber inzwischen wissen wir: Korrekt überzeugt nicht. Was überzeugt besser? Immer mehr Frauen und Mütter schreiben tatsächlich:

- *Zwei Jahre Familienmanagerin.* Absolut zu empfehlen.
- *Zwei Jahre widmete ich mich mit großer Freude und Engagement der optimalen Ausgestaltung der prägenden Jahre meines Kindes.* Wow. Selbst ein ausgemachter Chauvi kann nicht anders, als davon beeindruckt zu sein.

Letzteres schrieb noch nicht einmal eine Akademikerin. Das war eine unstudierte Mutter, die lediglich überzeugt von sich selbst ist und daher begeistern kann (und möchte). Sie wurde postwendend eingeladen. Nicht nur wegen dieser Formulierung, sondern weil sie die ganze Bewerbung so von sich selbst überzeugt formulierte. Sie hat sich ihre Einladung im Sinne des Wortes verdient. Weil sie schreibt, wie sie fühlt und arbeitet. Deshalb behauptet Cheti (im Eingangszitat) gegenüber seinem Sohn, dass Schreiben mehr Nutzen bringt als andere Berufe: Wer schreiben kann, angelt sich auch jeden anderen Beruf.

Aber natürlich dreht es sich in diesem Abschnitt, wie Sie sicher ahnen, nicht allein um die Familienphase, sondern grundsätzlich um »Lücken im Lebenslauf« — allein diese Phrase ist absurd. Hatten Sie in dieser Zeit etwa das Atmen und Leben eingestellt? Natürlich kann man im übersichtlichen, tabellarischen, lückenlosen Lebenslauf nicht schreiben:

10/2008—12/2011 arbeitslos in Folge der Bankenkrise

Selbst wenn das stimmt. Doch Sie bewerben sich nicht, weil »es stimmt«, sondern weil Sie einen Job wollen und daher überzeugen möchten. Der Arbeitgeber will lediglich sehen: Sie hat in dieser Zeit nicht einfach blaugemacht. Also können Sie immer angeben: *intensive private Weiterbildung zu den Themenbereichen ...* Selbst wenn das Literatur- und Webstudium umfasst: Bildung ist Bildung. In dieser Zeit waren Sie auch ehrenamtlich aktiv? Angeben! Wie auch alles andere, womit Sie die »Lücke« gefüllt haben. Männer geben übrigens gerne *Sabbatical in ... (Länderangaben, falls Reisen gemacht wurden) mit Schwerpunkten ...* an. In diesem Buch werden »die Männer« wirklich selten kopiert, aber hier können wir. Sabbatical hört sich prima an (und wird sicher im Bewerbungsgespräch zur Sprache kommen, also bereiten Sie ein, zwei flotte Sätze dafür vor).

Männerwörter, Frauenwörter

Das Problem mit den Formulierungen beginnt im Grunde, bevor Sie das erste Wort getippt haben: in der Stellenanzeige. Da sind nämlich auch schon Wörter drin. Und manche Wörter schrecken Frauen ab, wie Gender-Studien zeigen. So fanden Forscher heraus, dass allein schon das Wort »Führungsposition« bei vielen Frauen Assoziationen auslöst wie »typisch männlich«, »Macht« (negativ besetzt) oder gar »aggressiv«. Selbst »Führungsfähigkeit« wird interpretiert als: *Die suchen sicher einen Mann.*

Gesucht wird: Projektleiter (m/w) mit durchsetzungsstarker Persönlichkeit und nachweislicher Führungsfähigkeit.

Laut der Studie »Auswahl und Beurteilung von Führungskräften in Wirtschaft und Wissenschaft« von Susanne Braun und Tanja Hentschel vom Institut für Forschungs- und Wissenschaftsmanagement der Technischen Universität München (2014) werden sich auf diese Anzeige kaum weibliche Bewerberinnen melden. Daran ändert auch das vorgeschriebene Antidiskriminierungskürzel m/w nichts. Statistische Normalfrauen fühlen sich von solchen unfreiwilligen Killerformulierungen schlicht nicht angesprochen. »Durchsetzungsstark, selbstständig, offensiv und analytisch sind solche männlich konnotierten Wörter«, sagte Tanja Hentschel in der »Süddeutschen Zeitung« (Online-Ausgabe vom 28.5.2014). Frauen bewerben sich eher, wenn in der Anzeige Wörter auftauchen wie »engagiert«, »verantwortungsvoll«, »gewissenhaft« oder »kontaktfreudig«. Auf »Mitarbeiterverantwortung« bewerben sie sich beispielsweise eher als auf »Führungskompetenz«. Dabei bedeuten die Wörter ein und dasselbe, es sind Synonyme.

Kein Wunder, dass vielen Unternehmen das bestens ausgebildete weibliche Personal verloren geht: Die Unternehmen texten falsch! Nicht gendersensibel genug. Deshalb planen Politik und Wissenschaft Studien und Initiativen, um den suchenden Arbeitgebern die richtige Wortwahl beizubringen.

> **Tipp**
>
> Bis es so weit ist, helfen Ihnen folgende Anregungen:
> - Es gibt keine Wörter nur für Männer oder nur für Frauen!
> - Wenn Sie beim Lesen einer Anzeige unterschwellig denken oder diffus fühlen: *Die suchen bestimmt einen Mann!*, bringen Sie diesen unbewussten Gedanken achtsam ins Bewusstsein und sagen sich: *Unfug! Die texten bloß ungeschickt.*
> - Inzwischen sagen sich immer mehr Frauen: *Selbst wenn die Anzeige absichtlich oder unabsichtlich eher auf Männer zugeschnitten ist – dann bewerbe ich mich erst recht! Wollen doch mal sehen! Wenn sich der Laden beim Interview tatsächlich als Macho-Hochburg herausstellt, kann ich immer noch höflich absagen oder denen die Hölle heißmachen!*
> - Legen Sie sich gedanklich oder physisch ein Wörterbuch Mann und Frau an nach dem Motto: *Wenn in der Anzeige x steht, dann bedeutet das für Frauen y!*
> - Gewöhnen Sie sich schon beim Lesen von Stellenanzeigen an, jene Worte, die Ihnen sauer aufstoßen, in eine weibliche Sprache zu übersetzen. Irgendwann lernt die Welt, »Frau« zu sprechen. Bis es so weit ist: Übersetzen Sie selbst!

Bewerberinnen, die sich von versehentlichen Macho-Formulierungen nicht irritieren lassen, übersetzen beim Lesen automatisch. Wenn Sie es noch nicht unbewusst tun, machen Sie es bewusst:
- Durchsetzungsstark heißt einfach: hat eine eigene Meinung und sagt, was Sache ist. Und das kann ich!
- Selbstständig bedeutet schlicht engagiert – und das bin ich!
- Offensiv bedeutet: geht auf die Leute zu. Das kann ich!
- Analytisch heißt: bringt gesunden Frauenverstand mit. Logisch, was sonst?

Und so weiter. Bitte tun Sie den armen Wörtern nicht unrecht! Bestimmte Wörter können nichts dafür, dass Sie irrtümlich annehmen, sie seien Männer-Propaganda. Kommunikation entsteht bei der Empfängerin. Die Bedeutung (Konnotation), die ein Wort hat, ist immer jene, die Sie ihm geben! Also wählen Sie etwas aus, das Sie Ihren Wünschen näherbringt.

Ihre Online-Bewerbung

Berührungsängste bei der digitalen Bewerbung? Keine Vorwürfe, bitte: Nicht jede ist eine Digital Native. Im Gegenteil. Die meisten Menschen haben einen Heidenrespekt vor dem ganzen Computerkram — egal, wie viel und wie oft sie im Internet bestellen. Eine Umfrage mit dem Titel »Talents & Trends« der Beratungsgesellschaft von Rundstedt (Düsseldorf 2017) zeigt, dass sich lediglich ein Drittel der Befragten am liebsten online bewerben, ein ebenso großes Drittel bewirbt sich lieber per Post. Mein Tipp: Probieren Sie es einfach aus.

Selbst wenn mal ein Online-Versuch total schiefgehen sollte (was nur selten passiert): Das macht nichts. Die ersten drei Versuche sind gratis. Fragen Sie jede Freundin, Bekannte, die sich online bewirbt: Das lernt frau schnell. Wenn Sie sich eingelernt haben, spart es Zeit und macht Spaß — wenn Sie einige Anregungen beachten.

- Das Internet vergisst nichts. Deshalb finden Sie dort auch Anzeigen, die schon lange passé sind. Schauen Sie auf das Datum. Ab einer Woche schadet es nicht, beim Unternehmen anzurufen und nachzufragen, ob die Anzeige noch aktuell ist. Die Leute dort könnten ungehalten sein? Dann nehmen Sie das auf die Liste »Was gegen diese Firma spricht« — und bewerben Sie sich.
- Ist die eigentliche E-Mail schon das Anschreiben oder kommt das Anschreiben erst als Anlage? Machen Sie keinen Kathederstreit draus, sondern tun Sie, was Sie wollen. Beides geht, beides wird praktiziert und akzeptiert (es sei denn, die Firma definiert das in ihrem Online-Formular dezidiert anders).
- Ist das Anschreiben eine Anlage, sollte Ihre E-Mail in drei, vier Zeilen Interesse wecken, Kompetenz zeigen und die Firma loben. Praktisch eine Kurzform dessen sein, was Sie bislang in diesem Kapitel gelesen haben.
- Ist das Anschreiben dagegen keine Anlage, sondern die eigentliche E-Mail-Nachricht, schreiben Sie etwas kürzer als auf Papier. Der Empfänger sollte nicht (zu weit) am Bildschirm scrollen müssen. Dabei lassen Sie den üblichen Briefkopf weg (Kontaktdaten sind im Lebenslauf — hoffentlich).
- Manchmal nehmen Anlagen zu viel Platz weg, dann bleibt die Mail in der Firewall oder dem Spam-Filter des Unternehmens stecken. Achten Sie darauf, ob das Unternehmen ein MB-Limit für den Anhang angegeben hat.

- Im Internet geht auch viel verloren. Wenn Sie sich nicht sicher sind, ob Ihre Mail es geschafft hat: telefonisch nachfassen. Ja, ist leicht paranoid. Aber erstens verzeiht man das Bewerbern und zweitens: Vorsicht ist die Mutter der Porzellankiste.
- Benennen Sie Ihre Anhänge nicht mit Ihrer privaten Kürzel-Nomenklatur, etwa »KX35«, sondern vergeben Sie Dateinamen, die auch dem Personaler auf den ersten Blick verraten, was drin ist: *Susanne_Müller_Lebenslauf.*
- Anhänge am besten sämtlich im PDF-Format. Dann kommt alles genau so an, wie Sie es formatiert haben. Andernfalls kann der Computer des Empfängers vieles verhauen, selbst wenn der dieselbe Softwareversion verwendet wie Sie (die Wunder der Technik).
- Noch einfacher wird es, wenn das Unternehmen eigene Formulare online stellt: einfach ausfüllen. Dabei aber jeden Freiraum für freie, motivierende Formulierungen nutzen.
- Die Online-Bewerbung bewegt sich nicht außerhalb der Rechtschreibung. Viele meinen das aber und schicken E-Mail-Nachrichten los, die nur so vor Vertippern strotzen. Das ist unnötig. Machen Sie sich die Mühe der Korrektur. Sie können zur Sicherheit auch einen Vorabausdruck Ihrem üblichen Korrektor zeigen.
- Einige (Groß)Unternehmen sichten Online-Bewerbungen zunächst nicht per Hand, sondern lassen das smarte Software machen. Diese erkennt dank Rechtschreibprogramm Schreibfehler sehr viel besser als Menschen — und sortiert ab einer definierten Fehlerzahl die Bewerbung aus. Außerdem lässt sie durchfallen, was nicht die definierte Anzahl von Suchwörtern enthält; also meist Begriffe wie »Teamfähigkeit« oder »Kenntnisse in Debitorenbuchhaltung«, die auch in der Ausschreibung auftauchen. Bislang mussten nur Firmen Kompetenz in Search-Engine-Optimization (SEO) haben, in Zukunft immer stärker auch Bewerberinnen.

Was für die Online-Bewerbung gilt, gilt für die Bewerbung generell: Das Internet ist prall gefüllt mit nützlichen Artikeln, Foren, Kommentaren und Anregungen. Schmökern Sie darin! Vor allem dann, wenn Sie länger keine Zusage bekommen haben: Googlen Sie wild herum! Unter 20 Fundstellen (Hits), die sattsam Bekanntes, Unverständliches, Rätselhaftes oder schlicht Falsches kolportieren, findet sich auch immer ein Nugget, eine Anregung, die Sie (und auch ich) noch nicht kannten und die gerade in Ihrem Fall sehr nützlich sein könnte. Und: Fragen Sie Frauen, die sich schon online beworben haben, und picken Sie die guten Tipps heraus.

Rätsel im Lebenslauf: Positiv reframen!

Tanja tobt: »Bloß weil ich öfter mal den Arbeitgeber gewechselt habe, lädt mich keiner ein!« Woher weiß sie das? Haben ihr das die Personaler zu verstehen gegeben, die sie nicht eingeladen haben? Nein, das verrät kein Personaler, und zwar nicht nur, weil das gegen das Diskriminierungsverbot verstößt. Das mutmaßt Tanja vielmehr, weil sie das als ihre große Schwäche empfindet: Sie ist 28 und hatte schon fünf Arbeitgeber. Sagt ihr Lebenslauf. Was sagt sie dazu?

Das ist der eigentliche Grund für das Ausbleiben von Einladungen — und nicht die vermutete Animosität der Personaler: Tanja sagt nichts dazu im Anschreiben. Also denken die Personaler reflexhaft: *Hoppla, die Bewerberin wechselt oft, schwierige Kandidatin — lieber nicht!* Tanja überzeugt dieses Argument nicht. Ich überrede Sie dazu, es in der nächsten Bewerbung im Anschreiben einfach mal damit zu probieren — mehr als nicht eingeladen werden kann sie ja nicht. Also tippt sie: *Wie mein Lebenslauf illustriert, fülle ich eine Position am liebsten so lange aus, wie ihre Herausforderungen mit meiner wachsenden Erfahrung und Kompetenz Schritt halten können. Ihrer Anzeige entnehme ich, dass Ihre Position mich viele Jahre intensiv fordern wird.*

Man mag das interpretieren, wie man will: Es ist zumindest eine konstruktive Erklärung des wunden Punkts im Lebenslauf. Und eine Erklärung ist besser als keine Erklärung. Tanja wird eingeladen. Dämlich genug (für unsere Gesellschaft), dass auch die Familienphase oft (auch und gerade von Bewerberinnen selbst) als wunder Punkt fehlinterpretiert wird. Manche erklären dann: »Ich will den Finger nicht in die Wunde legen und erwähne das lediglich im Lebenslauf und nicht im Anschreiben.« Nun ja — das ist als Taktik diskutabel.

Eine Coachee schrieb dagegen: *Nach einer ausgedehnten und erfüllten Familienpause, die ich mit einigen Fortbildungen und ehrenamtlichen Projekten anreicherte (siehe Lebenslauf), strebe ich jetzt hoch motiviert zurück in die Arbeitswelt. Was mir an Qualifikation entgangen sein sollte, mache ich mehr als wett mit Elan und Enthusiasmus. Glauben Sie mir das nicht. Überzeugen Sie sich persönlich.*

Diese Bewerberin nimmt den Mund ganz schön voll? Es sagt einiges, dass ausgerechnet eine Mutter das so formuliert hat. Ihr Credo war und ist: *Wenn ich nach drei Kindern nicht große Töne spucken darf — wer dann?*

Wer auf Ihre Kinder aufpasst, während Sie arbeiten, gehört in den Lebenslauf und nicht ins Anschreiben. Geben Sie im Lebenslauf Zahl und Alter der Kinder an nebst dem Zusatz: »Die Betreuung der Kinder ist gewährleistet.« Sie dürfen das auch konkretisieren (»bei den Großeltern«, »beim Hausmann«, »bei der Tagesmutter«), brauchen es aber nicht. Männer müssen das übrigens in der Regel nicht angeben …

Gehen Sie ran wie Blücher

Was ich ganz oft von Bewerberinnen höre, können Sie auch im Internet nachlesen; viele Frauen berichten in den einschlägigen Foren und Kommentarspalten dasselbe: »Nach ... (Anzahl) Bewerbungen hatte ich die Nase so voll von diesem Sich-verstellen-Müssen und der Business-Sprache und dass mich trotzdem keiner einlädt, dass ich bei der nächsten Bewerbung alle Hemmungen in den Wind geschossen und so richtig vom Leder gezogen habe: frech, mutig, pfiffig formuliert, mit zwei Action-Bildern von der Arbeit und der Einstellung ›Ich dreh dem ganzen Zirkus jetzt mal eine Nase!‹ Ich war völlig baff, dass ich postwendend eingeladen wurde.« Warum ist das oft so?

Weil jeder Personaler und jeder Fachvorgesetzte nach 200 Bewerbungen, die alle mehr oder minder gleich dienstbeflissen und zielgerichtet formuliert sind, Sie schon aus reiner Dankbarkeit einlädt, dass Sie ihn (oder sie) wenn auch nur für Minuten vor der Langeweile gerettet haben. Einige Frauen lassen sich solche Geh-ran-wie-Blücher-Bewerbungen auch von Profis schreiben. Für die Jüngeren unter uns: Feldmarschall Blücher wurde in der Redewendung »Geh ran wie Blücher!« unsterblich, weil er in der historischen Schlacht an der Katzbach 1813 während der schlesischen Befreiungskriege durch sein energisches und entschlossenes Vorgehen Gegner wie Verbündete schwer beeindruckte. Lässt frau sich so ein beeindruckendes Anschreiben von fremder Hand aufsetzen, fliegt das leider oft spätestens im Interview auf, wenn die versammelte Runde eine mündliche Arie zu der schriftlichen Ouvertüre erwartet und die Bewerberin nicht liefern kann, weil sie natürlich weniger frech ist als ihr Second-Hand-Anschreiben.

Für sehr zielstrebige Frauen ist selbst dies kein Hinderungsgrund: Sie lassen sich ein ultrahippes Anschreiben vom Profi (m/w) schreiben und lassen sich danach von der Karriere-Coachin so trainieren, dass sie mündlich genauso schlagfertig und flink sind wie ihr Anschreiben. Das ist dann schon etwas aufwendig, aber wenn es sich für den Job, die Position, die Stelle lohnt ...

Fliegt das nicht irgendwann auf? Wenn es ein nachhaltiges Coaching ist: Nein. Dann wird so lange trainiert, bis die Bewerberin nicht nur gewinnend Floskeln nachplappern kann, sondern sich in bestimmten Situationen praktisch aufs Stichwort in die unbesiegbare Business-Amazone oder jede andere Heldin ihrer Wahl verwandelt. Das hat nichts Magisches an sich. Die Psychologie bezeichnet dieses Ausleben bestimmter definierter Rollenbilder lediglich als »Aktivierung unterschiedlicher Ego States«, unterschiedlicher Zustände des Selbstverständnisses (grob übersetzt). Will heißen: Wir haben diese ganzen Rollen schon lange in uns. Sie wollen lediglich entdeckt, aktiviert und adaptiert werden. Das ist die eigentliche Kunst. Coaching ist dafür nicht zwingend notwendig. Viele Frauen haben das auch per Self-Coaching erreicht (das ist auch wieder so ein Thema, das hier zu weit führt). Einen kurzen, pragmatischen Einstieg in das weite Thema Selbstcoaching bietet zum Beispiel das Buch »Selbstcoaching für Frauen« (Cornelia Topf, Offenbach 2012).

Bevor es für Sie selbst langweilig wird, streuen Sie nach jeweils der x-ten Bewerbung eine Ausreißer-Variante ein. Was kann schon passieren? Sie können höchstens nicht eingeladen werden — und das wurden Sie nach x Bewerbungen bereits oft genug. Was schiefgehen kann? Hier unterscheiden sich Männer und Frauen ebenfalls. Viele Frauen trauen sich keine Ausreißer-Bewerbung zu, weil: *Was soll denn das Unternehmen von mir denken?* Sie schämen sich vorauseilend vor Leuten, die sie nicht kennen, über Dinge, die diese Leute nicht peinlich finden — im Gegenteil. Typisch Frau. Ich würde das ja nie so empfehlen, aber eine Coachee, 31, jüngste Abteilungsleiterin in ihrem Unternehmen, sagte mir einmal dazu: »Manchmal muss man einfach für fünf Minuten vergessen, dass man eine Frau ist.«

Wie sieht die perfekte Bewerbung aus?

Das ist eine gute Frage. Viele erwarten darauf eine Antwort wie: »Ganz genau 24 Zeilen im Anschreiben lang und mit einer Mischung von 70 : 30 aus Kompetenznachweis und Begründung für den Wechsel/die Bewerbung.« Das ist natürlich Unfug. Es kommt zwar auch darauf an, was und wie Sie schreiben. Aber es kommt noch viel mehr darauf an, was und wie Sie sind. Denn was Sie sind, bestimmt das, was Sie schreiben. Wir kennen uns doch selbst am besten (hoffentlich, mit etwas Achtsamkeit) — wie einige Zitate von Seminarteilnehmerinnen illustrieren:
- Ich schludere gerne beim Bewerben. Ich hau das Anschreiben zusammen und schick das noch in derselben Stunde raus. Weil ich so begeistert bin von der Aussicht auf einen neuen Job! Und kaum ist die Sendung raus, fallen mir 100 Fehler ein, die ich übersehen habe.
- Ich grüble viel zu lange über jede einzelne Bewerbung. Ich mache mir zu viele Sorgen. Anstatt mich einfach weiterzubewerben.
- Ich traue mich nicht aus meiner Branche raus — obwohl die mir seit zwei, drei Jahren voll auf die Nerven geht. Aber ich trau mich einfach nicht.
- Meine Bewerbungen klingen leicht verzweifelt — aber ich kann mir das nicht abgewöhnen!
- Ich stelle mein Licht gern unter den Scheffel!

Wir sind, auch wenn uns manchmal etwas anderes eingeredet werden soll, ganz gut in der Selbstbewertung. Wir kennen unsere Stärken und Schwachstellen. Also ist die beste Bewerbung jene, die beides berücksichtigt: größtmögliche Betonung auf Stärken, größtmögliche Korrektur der Schwächen. Es ist schon ein guter Start, wenn frau sich das vornimmt. Im Seminar beschlossen die Frauen, deren Selbsteinschätzung wir zitiert haben, diese Vorsätze:

- Ab sofort halte ich mich an: Bewerbung verschicken? Erst eine Nacht drüber schlafen!
- Ich schreibe, ich korrigiere, ich lass jemanden gegenlesen — dann geht das Ding raus! Nie wieder Grübeln!
- Bei der nächsten Stelle in einer fremden Branche, die zu meiner Qualifikation passt, schreibe ich die Bewerbung — und wenn mir vor lauter Angst die Hände zittern!
- Ich gewöhne mir an, alles, was verzweifelt klingt, durch motivierte Formulierungen zu ersetzen.
- Ich belege meine Stärken mit Leistungshinweisen und verstärke diese mit passenden Adjektiven.

Gute Vorsätze zur Eigenkorrektur? Das ist doch selbstverständlich! Eben nicht. Häufig spreche ich eine Bewerberin direkt an: »Jetzt ist diese Bewerbung auch wieder so (zaudernd, indirekt, mit vielen offenen Fragen, ohne ausreichende Belege für die behaupteten Qualifikationen, fehlerbehaftet …) geraten. Ich dachte, Sie wollten das ändern!« Und was ist dann die häufigste Entgegnung? »Ja, ich weiß. Aber so bin ich eben. Besser krieg ich das nicht hin.« Das ist natürlich schade. Da kann man nur Goethe, leicht abgewandelt, zitieren (aus dem Faust): »Wer immer strebend sich bemüht, die werden wir belohnen.« Wer von Bewerbung zu Bewerbung dazulernt und besser wird, ist letztendlich immer erfolgreich.

Um die Eingangsfrage zu beantworten: Die beste Bewerbung ist jene, die optimal Ihre individuellen Schwächen im Ausdruck und beim Bewerbungsprozess kompensiert und Ihre spezifischen Vorzüge bestmöglich zur Geltung bringt.

Frag doch mal!

Wenn wir etwas gekocht haben, sagen wir: »Hoffentlich schmeckt es euch. Ich habe ein neues Rezept ausprobiert.« Und je nach Feedback kochen wir dasselbe irgendwann noch mal, modifizieren nach Maßgabe des Feedbacks (»Aber muss das so scharf sein?«) oder schmeißen es weg. Viele Frauen suchen Feedback zu Fragen der Frisur, der Beziehung (»Was hältste denn von meinem neuen Freund?«) und der Mode. Zu Fragen der Bewerbung sind es erstaunlich wenige.

Manchmal beschweren sich Frauen: »15 Bewerbungen — und keine einzige Einladung!« Erst auf wiederholtes Nachfragen darf ich dann eines der Anschreiben lesen, was meist schon der entscheidende Hinweis darauf ist, woran es liegen könnte: nicht das Anschreiben, sondern das wiederholte

Nachfragen. Wenn man schon darum bitten muss, Feedback geben zu dürfen! Feedback ist eine Hol- und keine Bringschuld und sollte gesucht, nicht abgelehnt werden.

Ich begleite etliche Coachees, die in der beruflichen Hierarchie schon sehr weit aufgestiegen sind: Abteilungsleiterin, Bereichsleiterin, Vorständin, Geschäftsführerin. Viele von ihnen haben sich bereits dutzendfach beworben, texten atemberaubend gut — und reichen mir jede neue Bewerbung vorab oder hinterher herein: »Was meinen Sie? Geht das so? Wirkt das? Kommt alles rüber? Ist das konkurrenzfähig? Zu heftig? Zu wenig selbstbewusst? Was könnte ich noch besser machen?« Das ist leicht paradox.

Ich nenne es das Beratungsparadoxon: Wer es wirklich bräuchte, fragt oft nicht nach dem erforderlichen, dem rettenden Feedback. Wer es eigentlich nicht nötig hat, fragt dagegen oft und gerne nach Feedback — deshalb hat sie es nicht nötig! Weil sie ganz selbstverständlich zu vielem, was sie tut und denkt, Feedback einholt. Deshalb wird frau besser. Oder wie es im Amerikanischen heißt: »Feedback is the breakfast of champions.« Warum bitten nur so wenige Frauen um Feedback?

Weil in unserer westlichen Gesellschaft die meisten Menschen kein respektvolles Feedback geben, sondern persönlich verletzende Kritik üben. Und wer will sich schon verletzen lassen? Also suchen Sie sich entweder jemanden, der oder die beziehungsfreundlich Rückmeldung geben kann und vor allem möchte. Oder Sie lernen, aus verletzender Kritik nur die sachlich zutreffenden Elemente herauszufiltern und den Rest zu ignorieren. Das kann man lernen. Eine Coachee nannte das einmal »die Ohren selektiv auf Durchzug stellen«.

Mit dieser Vorbereitung sollte es Ihnen leichter fallen, immer mal wieder vertrauten Menschen oder einer Coachin eine Bewerbung zu zeigen und zu fragen: »Hättest du mich daraufhin eingeladen? Und wenn nicht, warum nicht?« Erstaunlich auch, dass es tatsächlich etliche Frauen gibt, die diese Feedback-Frage dem Unternehmen selbst stellen. Sie rufen in der zuständigen Fach- oder Personalabteilung an und fragen: »Jetzt mal unter uns und völlig unverbindlich: Warum wurde ich nicht eingeladen? Ich frage nur, weil ich es bei der nächsten Bewerbung besser machen möchte.«

Bevor der Sturm seitens der Experten losbricht: Auch mir ist selbstverständlich klar, dass sich spätestens seit dem Antidiskriminierungsgesetz kein Personalchef und keine Personalreferentin mehr trauen, darauf eine ehrliche Antwort zu geben. Man könnte postwendend wegen Diskriminierung verklagt werden. Doch wenn man diese Bedenken des Angerufenen antizipiert und aufnimmt, bin ich immer wieder erstaunt darüber, wie viele Bewerberinnen bei solchen Anrufen wertvolle Hinweise bekommen.

Oft sagen die Gefragten ausweichend, aber zutreffend zum Beispiel: »Zu Ihrer persönlichen Bewerbung kann und darf ich nichts sagen. Aber wenn ich Ihnen ganz allgemein einen Tipp geben darf: Bei uns und in anderen Firmen wird es gerne gesehen, wenn schon in der Bewerbung für eine Position jenseits der Sachbearbeiterin herausscheint, dass sich der Bewerber einiges zutraut und engagiert auch größere Herausforderungen anpacken möchte. Das wird in solchen Positionen vorausgesetzt.« Wer Feedback sucht, kriegt es auch. Wer nicht, kriegt auch so schnell nicht den Traumjob. Feedback gegen Traumjob — das ist doch ein lohnender Tausch, finden Sie nicht?

Self-Coaching

Sie haben Ihre Bewerbung rausgeschickt und warten nun. Und warten. Und warten immer noch. Und denken und grübeln: *Warum dauert das so lange? Bin ich am Ende etwa schon abgelehnt? Die sagen mir sicher ab! Dabei hätte ich den Job wirklich gerne gehabt!* Oder die Absage kommt tatsächlich. Dann ist ein Anfall von Minderwertigkeitsgefühlen eher die Regel als die Ausnahme.

> **! Tipp**
>
> Wenn Sie das lieber vermeiden wollen, empfehle ich:
> - Blättern Sie noch einmal in Kapitel 2. Dort finden Sie viele Tipps, wie Sie den Abbau des eigenen Selbstwertgefühls durch Warten und Absagen, Grübeln und Hadern vermeiden.
> - Der erste Schritt dabei ist: Verdrängen und vermeiden Sie die unangenehmen Gefühle nicht. Das macht sie nur stärker (was Sie sicher schon bemerkt haben).
> - Machen Sie stattdessen das Gegenteil: Nehmen Sie sie achtsam wahr und würdigen Sie sie. Das besänftigt sie.
> - Sagen Sie sich zum Beispiel gedanklich oder halblaut: *Ja natürlich bist du enttäuscht (ungeduldig, hibbelig, nervös)! Das wäre wirklich jede an deiner Stelle. Das ist okay. Gefühle sind okay.*
> - Würdigen Sie sich selbst und Ihre Emotionen so lange, bis Erleichterung und Beruhigung eintritt. Das dauert am Anfang Minuten und nach etwas Übung nur Sekunden.
> - Dann fokussieren Sie wieder auf das, was getan werden muss, was Sie Ihrem Ziel näher bringt: Gegebenenfalls Feedback einholen und — raus mit der nächsten Bewerbung. Nach der Bewerbung ist vor der Bewerbung (siehe Kapitel 9).

Für Menschen mit psychologischer Vorbildung — die wir Frauen ja meist haben: Warum fühlen wir uns nach abgeschickter Bewerbung und im laufenden Bewerbungsprozess manchmal so unwohl? Ergründen Sie doch mal Ihre Gefühle hinter diesen Gefühlen. Meist steckt hinter dem Unbehagen eine gewisse Hilflosigkeit: Jetzt liegt unser Schicksal in den Händen fremder Leute. Besonders selbstständige Frauen mögen das gar nicht. Oft stecken wir auch in einem Dilemma: Wir möchten den Job wirklich gerne, ahnen aber auch, dass unser Wunsch enttäuscht werden könnte. Eine kluge Frau hat einmal gesagt, dass Kennzeichen eines reifen Geistes die Fähigkeit ist, widerstreitende Gefühle vereinen zu können, ohne aus der Kurve zu fliegen. Mit dieser affektiven Integrationsfähigkeit wird man nicht geboren. Das lernt frau.

Wir lernen, unsere begründete Hilflosigkeit geistig sozusagen in der linken Hand zu halten und zu würdigen und in der anderen Hand unsere Selbstständigkeit: *Okay, jetzt liegt es nicht mehr an dir — aber neue Bewerbungen zu schreiben, das liegt an dir.* Und wir lernen, unseren berechtigten Berufswunsch simultan mit unseren realistischen Erwartungen zu empfinden: *Wäre schon schön, wenn es klappt — aber ich bleibe realistisch und entwerfe einen Plan B.*

Eine gute Zeit

Bewerben ist Stress. Selbst wenn ich mich schon mehrdutzendfach beworben habe: Auf die Bühne zu treten löst doch immer wieder Lampenfieber, löst Stagefright aus. Wir bewerben uns. Das heißt, wir setzen uns der Bewertung fremder Menschen aus. Das ist stressig. Männer empfinden diesen Stress in der Regel weniger intensiv: *Ja, ich habe mich beworben. Mal sehen, wie sich das entwickelt.*

Viele Frauen sagen mir dagegen: »Das Anschreiben aufsetzen und die Unterlagen zusammenstellen — das krieg ich schon hin. Wie man das macht, kann ich ja überall nachlesen. Das Bewerben an sich, damit komme ich zurecht. Der ganze Stress dabei belastet mich viel mehr!« Und darüber liest oder hört man nur selten. Die emotionale Belastung der Frau bei der Bewerbung wird weitgehend tabuisiert. Über so etwas redet man in unserer dissoziierten, gefühlsfeindlichen Zeit nicht, Männer schon gar nicht. Und wenn, dann wenig hilfreich.

»Was bist du so nervös? Endlich bewirbst du dich!«, »Aber bei deiner Erfahrung und mit deinen Kompetenzen musst du dir doch keine Sorgen machen! Die nehmen dich sicher!«, »Mach keinen Aufstand! Ist doch bloß eine Bewerbung. Wenn es diesmal nicht klappt, dann eben ein andermal.« Ganz typische Aufmunterungen, die schon viele Frauen zu hören bekommen haben. Wenn sich Ihnen bei so etwas die Nackenhaare aufstellen: mir auch. Vielleicht gibt es ja mal ein Buch »Wie man als Mann in einer Beziehung mit seiner Partnerin reden sollte« ... Besonders irritierend wirken solche unüberlegten Tröstungsversuche mit Bumerang-Effekt, wenn sie aus dem Kreis der Familie, von den Freundinnen oder vom Beziehungspartner kommen: Wie kann man bloß so gefühllos sein! Männer haben eben andere Vorzüge.

Bei fehlender emotionaler Unterstützung aus dem Umfeld: Kümmern Sie sich um sich selbst! Wer sollte es sonst für Sie tun? Akzeptieren Sie achtsam, dass Bewerbungszeit Stresszeit ist. Würdigen Sie alle Gefühle, die dabei hochkommen — und wenn sie noch so irrational sind. Gefühle sind immer irrational. Deshalb heißen sie so — und nicht Vernunft oder Logik. Und lenken Sie Ihren Fokus nach der Würdigung immer wieder auf alle anderen affektiven Schätze, über die Sie sonst noch verfügen und die Sie lediglich zu aktivieren brauchen: Zuversicht, Hoffnung, Mut, Jetzt-erst-recht, Entschlossenheit, Standfestigkeit, Treue zu den eigenen Wünschen, Trotz, Sturheit, Humor … (Ich wäre sehr stolz auf Sie, wenn Ihnen noch zwei, drei Ergänzungen zu dieser Liste einfallen würden.)

Mit der Aktivierung dieser inneren Schätze aus Ihrem gut gepflegten emotionalen Garten werden Sie eine erleichternde Entdeckung machen: Auch und gerade die stressige Bewerbungsphase kann eine sehr schöne Zeit sein. Weil Sie etwas für sich tun. Weil Sie ausbrechen und aufbrechen. Weil Sie sich verändern und Veränderung (sofern selbstinitiiert) gut ist. Weil berechtigte Hoffnung besteht, dass vieles nun sehr viel besser wird. Weil Sie viele neue Menschen kennenlernen werden, die Sie mögen werden. Weil es vorangeht.

Ich wünsche Ihnen diese gute Zeit von Herzen.

4 Spielen statt Grübeln: So bereiten Sie das Vorstellungsgespräch vor

> »Aus eigenen Fehlern lernen ist der beste Rat.«
> Sandra N., Managerin

> »Wenn etwas wert ist, getan zu werden,
> ist es wert, gut getan zu werden.«
> Gertrude Jekyll, Schöpferin des englischen Landhausstils

Die Lampenfieber-Soforthilfe

Eine Einladung zum Vorstellungsgespräch flattert herein! Der stereotype Bewerber jubelt: »Klasse! Die haben erkannt, wie gut ich bin!« Die stereotype Bewerberin klagt: »Oje, was sage ich da bloß?« Ja, natürlich: Beide Rollenstereotypen sind überzeichnet. In der Regel gibt es auch Frauen, die sich vorbehaltlos über eine Einladung freuen, und Männer, die genauso nervös reagieren wie Frauen (was bereits ein sexistischer Vergleich ist). Doch wir beschäftigen uns auf diesen Seiten nicht mit dem, was ohnehin keine Probleme macht, sondern mit den Herausforderungen, denen Sie sich stellen.

Und denken Sie bloß nicht, dass nur Berufsanfängerinnen und Wiedereinsteigerinnen nervös seien. Auch gestandenen Vorständinnen flattern die Nerven, wenn sie vom Aufsichtsrat eines Konzerns, zu dem sie wechseln wollen, »gegrillt« werden. Das ist normal und menschlich. Nerven aus Stahl hat niemand, nicht einmal der Man of Steel ... Wobei: Einige Bewerberinnen, vor allem sehr junge, sitzen total relaxed und voll cool im Interview. »Fast gleichgültig«, wie Personaler regelmäßig berichten. »Die wurden sicher von ihren Eltern geschickt«, wird dann gemutmaßt. Oder sie wollen das Gespräch einfach nur abhaken. Beides motiviert das Gegenüber nicht, die Bewerberin in die engere Wahl zu nehmen. Vor Nervosität einen Knoten im Bauch zu haben ist nicht toll. Aber Lethargie ist deutlich schlechter. Also was tun?

Als aufmerksame Leserin erinnern Sie sich vielleicht: Je intensiver Sie sich mit Kapitel 1 und 2 beschäftigt haben, desto geringer fällt das Lampenfieber aus. Wenn Ihre Nerven noch zu heftig flattern: Blättern Sie zurück.

> **Tipp** !
> Oder Sie wenden eine oder mehrere der folgenden Soforthilfen an:
> - Natürlich sind Sie nervös — das ist normal. Lassen Sie es gedanklich explizit zu: *Ja, ich bin nervös und das ist okay.* Gewürdigte Emotionen beruhigen sich. Sie verschlimmern sich dagegen, wenn wir sie verbieten oder verdrängen.

- Nervosität ist eine Reaktion des limbischen Systems. Schalten Sie zum Ausgleich Ihr Großhirn wieder ein, indem Sie sich sagen: *Ich bin nervös, weil ich unwillkürlich an das Risiko des Scheiterns, der Blamage denke. Das ist aber nur eine Seite der Medaille. Deshalb denke ich jedes Mal, wenn ich nervös werde, auch an die andere Seite: Juhu — ich krieg vielleicht schon bald einen neuen, tollen Job!*
- Sagen Sie sich dieses Juhu so oft und so konkret wie möglich — Welche Vorzüge erwarten Sie im neuen Job? Welchen Mist lassen Sie hinter sich? —, das ist Ihr Feelgood-Mantra.
- Wiedereinsteigerinnen haben es besonders schwer? Mag sein — aber das ist keine konstruktive Einstellung. Es gilt nämlich auch: Wiedereinsteigerinnen sind besonders motiviert. Sie brennen darauf, wieder ran zu dürfen. Sie bringen die nötige Lebenserfahrung mit. In der »Pause« haben sie ihren Akku voll aufgeladen. Welche Vorzüge von Wiedereinsteigerinnen fallen Ihnen noch ein? Alle diese Gründe können und sollten Sie im Interview anführen.
- Ein leicht erhöhter Puls beim Gedanken an das Bewerbungsgespräch ist normal. Im Fitnessstudio oder beim Yoga geht Ihr Puls ja auch hoch. Damit sagt Ihnen Ihr Körper: Du kannst loslegen! Ich bin voll da!
- Alle Oscar-Preisträgerinnen haben vor jeder neuen Rolle Lampenfieber. Lampenfieber ist kein Widerspruch zu High Performance, sondern eher Voraussetzung dafür.
- Dass Sie Unfug reden oder keine Topleistung bringen, wenn und solange Sie vor oder im Vorstellungsgespräch nervös sind, ist wirklich Unfug. Dahinter steckt eine Furcht, keine Tatsache. Ganz im Gegenteil: Vorstartspannung steigert Ihre Leistung und Performance.
- Wer pathologisch nervös ist (Schweißausbruch, Stimmversagen, Aussetzer), also panisch, erfährt Abhilfe bei Coach und/oder Hypno-Therapeut (Therapeut — nicht Hypnotiseur!).
- Für die Selbstbehandlung empfehle ich das schon erwähnte Zürcher Ressourcen Modell nach Dr. Maja Storch. Sie selbst führt ausführlich ein in ihr Modell in ihrem Buch »Selbstmanagement — ressourcenorientiert« (Göttingen 2014). Bestens geeignet ist auch die Emotional Freedom Technique, kurz EFT und vulgo: Klopfen (Googlen!), zudem die Introvision nach Prof. Dr. Angelika Wagner. Auf deren Buch habe ich bereits hingewiesen: »Introvision. Problemen gelassen ins Auge schauen. Eine Einführung« (Stuttgart 2016).

Einer der häufigsten Auslöser von Lampenfieber ist die Sorge: Was mache ich, wenn ich auf eine Frage im Interview keine Antwort weiß? Die Lösung ist einfach, wie wir gleich sehen werden.

Fragen nicht fürchten, sondern durchspielen

Viele Frauen grübeln endlos darüber nach, was sie tun können, wenn ihnen auf eine Frage nichts Gescheites einfällt. Das können sie stundenlang, ohne dass etwas dabei herauskommt — außer noch mehr Nervosität. Deshalb mein Tipp: nicht grübeln, sondern spielen. Spielen Sie das Frage-Antwort-Spiel. Spielen Sie jede mögliche und unmögliche Frage-Antwort-Konstellation erst gedanklich und dann auch mündlich durch.

Auf welche Frage könnte Ihnen denn nichts Gescheites einfallen? »Ja, was weiß ich! Wenn ich das wüsste, wäre ich doch nicht so nervös!«, solche Statements höre ich im Coaching oft. Da liegt ein Irrtum vor. Das müssen Sie nicht wissen. Sie sollten es lediglich abschätzen können und wollen. Kurz und gut: Raten Sie! Eine Schätzung ist besser als gar keine Information.

Was könnte Sie aus dem Tritt bringen? Vielleicht eine Frage zu einer Lücke im Lebenslauf? Oder zu den privaten Umständen? Zu Ihrem Zickzack-Werdegang, einem informellen Sabbatical, der Zahl Ihrer Kinder? Wenn Sie fünf »unmögliche« Beispiele in der Vorbereitung durchgespielt haben, ist Ihre Schlagfertigkeit so gut trainiert, dass Sie auch die sechste nicht vorhergesehene Frage im Interview gut beantworten. Es ist alles eine Sache der Übung.

Manchmal sagen Bewerberinnen: »Aber in meinem speziellen Fall ist eine Antwort nicht so einfach. Meine Situation ist sehr komplex. Ich kann das nicht einfach so in drei Sätzen beantworten.« Doch, Darling. Das kannst du, weil du es musst. Du kannst deinem Gegenüber keinen authentischen, komplexen Roman erzählen. Das kannst du bei einem Date (vielleicht). Aber nicht in einem Bewerbungsgespräch. Also mach's einfach! Einfach, verständlich und nachvollziehbar.

Nachvollziehbar (auf die Frage, warum die Bewerberin wechseln möchte) ist zum Beispiel nicht: *Einerseits mag ich meinen derzeitigen Job und bin dafür stark engagiert. Andererseits geht mir die immer gleiche Routine seit einiger Zeit auf die Nerven, wobei mir natürlich schon klar ist, dass jeder Job auch viel Routine enthält.* Nachvollziehbar ist vielmehr beispielsweise: *Ich beherrsche meinen aktuellen Job nach drei Jahren durch und durch. Jetzt suche ich nach einer neuen Aufgabe, die mich wieder herausfordert.*

Okay, das ist ein wenig klischeehaft – aber das versteht jeder Interviewer! Mehr noch: Das wirkt bei ihm oder ihr. Und darauf kommt es mehr an als darauf, ob Ihre Antwort Ihren eigenen komplexen Kriterien für eine authentische Selbstaussage genügt. Daher: Üben Sie solche einfachen, verständlichen und nachvollziehbaren Antworten auf alle erdenklichen Fragen.

Ich meine das ernst: nicht ausdenken, sondern üben, das heißt laut aussprechen. Als ob Sie sich bereits im Interview befänden. Einige Frauen nennen das Sparring. Ideal dafür ist ein Gegenüber, das den Interviewer spielt. Wenn nicht verfügbar, können Sie auch für sich alleine sparren – aber immer lebensecht, realistisch. Also nicht die Antworten denken, sondern aussprechen. Zwischen Denken und laut Aussprechen besteht ein großer Unterschied, den man auch Performance oder Ausdruck nennt. Manche sprechen laut vor dem Spiegel, weil man da auch Mimik, Gestik, Haltung und Körpersprache korrigieren kann.

Wenn Sie Ihre Antworten mehrmals laut aussprechen, werden Sie nach grob einem halben Dutzend Mal einen erfreulichen Effekt bemerken, der sich mit jeder Wiederholung steigert: Was vorher eine heikle Frage für Sie war, ist jetzt reine Routine. Eben durch das wiederholte Trockenschwimmen. Ergebnis: Man freut sich schon auf heikle Fragen und ist ganz enttäuscht, wenn im Interview nur wenige gestellt werden — was eher die Regel als die Ausnahme ist. Beim derzeitigen Fach- und Führungskräftemangel haben nur wenige Personaler Interesse daran, ihre Bewerber zu vergraulen.

Viele Bewerberinnen meinen, heikle Fragen machen sie nervös, weil sie so heikel sind. Nein, sie sind einfach ungewohnt. Nichts, was wir kennen, macht noch nervös. Oder wie eine Bewerberin sagte: »Das war nicht mein erstes Bewerbungsgespräch nach langer Zeit. Ich hatte schon Dutzende davor — im Wohnzimmer.« Im Wohnzimmer hatte sie also vor dem Gesprächstermin schon alle Fragen beantwortet. Welche Fragen?

Alle Fragen dieser Welt

Neulich beklagte sich eine Bewerberin, Vertriebsassistentin, bei ihrem Lebensabschnittspartner nach einem Bewerbungsgespräch: »Die hat mir so eine fiese Frage gestellt!« Sie hatte sich für die Leitung eines vierköpfigen Salesteams beworben und die Personalerin hatte sie gefragt, ob sie für ein bestimmtes Produkt der Firma eine Skimming- oder eine Penetrations-Preisstrategie bevorzugen würde. Die Bewerberin reagierte sprachlos auf diese Fachfrage aus dem Vertrieb.

Ihrem Partner sagte sie: »Keiner hat mir gesagt, dass ich das wissen muss. Wenn ich das gewusst hätte, hätte ich mich darauf vorbereitet.« Was sie geflissentlich übersah: Das ist der ganze Witz bei Vorstellungsgesprächen! Das Leben ist keine Schulstunde und ein Job-Interview ist keine Klausur. Das einladende Unternehmen gibt Ihnen keine Themenliste zur Vorbereitung. Man erwartet zu Recht, dass Sie sämtliche naheliegenden Fragen beantworten können. Und eine fachliche Frage nach der passenden Preisstrategie gehört nun mal zum Naheliegenden bei der Position einer Verkaufsteamleiterin. Also bereiten Sie sich auf alle denkbaren und undenkbaren fachlichen, beruflichen und persönlichen Fragen vor, ein paar Beispiele finden Sie in den folgenden Ausführungen.

»Warum unsere Firma?«
Sagen Sie jeweils einen Satz zu drei, vier Vorteilen des einladenden Unternehmens aus Ihrer Sicht, die Ihnen aus der Internetrecherche und Ihrer Vorbereitung auf das Gespräch bekannt sind.

»Was meinen Sie mit ...?«

Rechnen Sie damit, dass Rückfragen zu den von Ihnen aufgezählten Vorteilen gestellt werden. Bereiten Sie ein, zwei Sätze vor, die erklären, warum das Genannte aus Ihrer Sicht ein Vorteil ist. Weil das selbst von erfahrenen Frauen oft falsch gemacht wird: kinderfreundliche Arbeitszeiten, 14. Monatsgehalt und eine gute Frauenförderung sind keine Vorteile im Sinne der Frage: Warum unsere Firma? Das sind Vorteile in Ihrem Sinne. Was die Firma hören möchte ist: Warum sind wir ein tolles Unternehmen? Sprechen Sie über die Vorzüge von Strategie, Produktpalette, Internationalität, Anspruch oder Qualität der Firma.

»Wollen Sie Kinder?«

Natürlich darf man das nicht fragen, trotzdem kommt es oft vor. Dann gibt frau eine taktische Antwort. »Natürlich nicht«, ist keine gute Antwort, da unglaubwürdig. Besser sind: »Zum jetzigen Zeitpunkt nicht.« Oder: »Natürlich wünsche ich mir eine Familie. Doch in den nächsten Jahren möchte ich erst meine beruflichen Ziele erreichen.«

An dieser Stelle eine Bemerkung zum Procedere der Vorbereitung: Notieren Sie sich Ihre Antworten schriftlich — oder markieren Sie sie hier im Buch. Passen Sie sie an Ihre Bedürfnisse an. Und sagen Sie sie ein paar Mal laut. Denn oftmals sind die alten, nicht ganz glücklichen Antworten derart fest in unserem Gehirn gespeichert, dass wir die »richtigen« Antworten nicht auf Anhieb parat haben und ohne zu zögern aussprechen können. Darin besteht übrigens ein zentraler Zweck des (Self)Coachings: Dinge so lange zu üben, bis sie »sitzen«.

»Was sagt Ihr Partner dazu, dass Sie diesen Job wollen?«

Immer häufiger werden das auch Männer gefragt, weil vor allem Auslandsjobs häufig daran scheitern, dass Frau und/oder Familie nicht mitmachen. Was ist die richtige Antwort? Natürlich: »Mein Partner steht voll hinter meinem Berufswunsch — sonst hätte ich mich nicht beworben.« Selbst wenn das nicht (ganz) stimmt: Dem Arbeitgeber in spe müssen und sollten Sie keine Interna Ihres Privatlebens verraten — er verrät Ihnen ja auch hoffentlich keine aus seinem.

Auf die Frage nach dem Partner schämen sich übrigens viele Singles — und nicht nur Azubinen! Eine Spartenleiterin sagte: »Die Frage war dem Personalleiter so peinlich wie mir, als ich ihm eröffnen musste, dass eine 43-jährige Frau, die im Beruf alles erreicht hat, immer noch Single ist.« Das damit einhergehende Erröten könnte ganz charmant wirken, wenn die nackte Scham Bewerberinnen nicht für Minuten aus dem Takt bringen würde. Falls es Ihnen auch so geht, üben Sie bitte beides: eine überzeugte Formulierung und Ihren

Single-Stolz. Sagen Sie es laut und stolz: »Mein Partner hat sicher nichts gegen meine Berufswahl, denn gegenwärtig (statt: schon lange) bin ich Single. Und ich muss sagen, ich genieße diesen Status.« Ein solche Antwort, mit Überzeugung vorgetragen — das kann, nein, das sollte man üben.

»Wo wohnen Sie? Werden Sie umziehen?«
»Sie werden sicher verstehen, dass ich mir in der Probezeit noch kein Häuschen hier am Ort kaufen werde. Aber die Gegend ist schon sehr ... (attraktiv, mit hohem Erholungswert, mit hoher Lebensqualität — whatever!). Mittelfristig möchte ich natürlich näher am Arbeitsplatz wohnen.«

»Wo wollen Sie beruflich in fünf Jahren stehen?«
»Ich möchte dann vor allem den Job perfekt beherrschen und mich für eine erweiterte Verantwortung empfehlen.«

Das allerdings ist ein heikler Punkt: Männer denken eher status- und karriereorientiert (»erweiterte Verantwortung«), Frauen eher sach-, aufgaben- und beziehungsorientiert. Das geht so weit, dass viele (manche meinen: die meisten) Frauen keine Karriere machen wollen, keinen Gedanken daran verschwenden und eher karriere-indolent (gleichgültig) eingestellt sind, weil sie im neuen Job vor allem etwas bewegen, einen sinnvollen Beitrag leisten oder gute Arbeit abliefern wollen. Das verstehen jedoch die meisten männlichen Personaler und Fachvorgesetzten (noch) nicht, auch wenn sie schon dreimal verheiratet waren.

Wenn also eine Frau bei der Fünf-Jahres-Frage ihren Wunsch auf Beförderung (»erweiterte Verantwortung«) nicht laut ausspricht, denken Männer im Beruf nicht: *Sie ist eine Frau. Also ist sie sach-, aufgaben- und beziehungsorientiert.* Sie denken automatisch und bislang unreflektiert: *Sie hat keinen Ehrgeiz. Sie will hier nur bis zum nächsten Kind parken. Der Job ist ihr nicht wirklich wichtig — sonst würde sie doch aufsteigen wollen!* Also sprechen Sie Ihre wie auch immer formulierten Karriere-Ambitionen an. Auch wenn Sie überhaupt keine solchen hegen. Es sind nur Worte! Und der Mann Ihnen gegenüber ist zufrieden und muss keine Fehlattribution anstellen. Selbstverständlich treffen Karrierefrauen in Personal- oder Fachabteilung oft ebenfalls diese Fehlzuordnung. Und auch viele männliche Bewerber, vor allem in der Digital Economy, wollen eigentlich »nur« den Job und keinen Aufstiegsstress — doch für sie hat noch nie jemand ein Fachbuch zur Bewerbung geschrieben ...

»Was tun Sie, wenn Sie morgens um sechs ein erboster Kunde aus dem Bett klingelt?«
»Erstens befinde ich mich morgens um sechs nicht mehr im Bett und zweitens werde ich Himmel und Hölle in Bewegung setzen, damit der Kunde schnellst-

möglich kriegt, was ihm fehlt. Ist ja wohl das Mindeste.« Das ist glatt gelogen? Ja, wie zum Beispiel auch: »Hallo, wie geht's dir?« — »Gut — und dir? Super siehst du wieder aus!« Jedes einzelne Wort: höflich gelogen. Aber Sie sagen das trotzdem. Mehrfach täglich. Also machen Sie deswegen bitte keinen Aufstand im Bewerbungsgespräch. Eher im Gegenteil: Fabulieren Sie mit Gusto! Wie schon Luther sagte: »Man muss den Leuten auch mal geben, was sie hören wollen.« Wenn man eingestellt werden möchte. Natürlich gibt es einen Unterschied zwischen dreister Lüge und plausibler Möglichkeit — aber das wussten Sie bereits.

Viele Bewerberinnen mögen dieses Nach-dem-Mund-Reden nicht: »Das ist so unehrlich!«, sagen sie. Ja. Aber es ist höflich. Ich würde Sie noch nicht einmal fragen: »Wollen Sie nun ehrlich sein oder einen Job?« Besser ist die Begründung: Wir sind nicht im Beichtstuhl, sondern im Interview. Wer nicht sagt, was das Gegenüber erhofft, erweist ihm erstens keinen Respekt. Und zweitens zeigt man damit, dass man nicht fähig ist zur kreativen Problemlösung — das nämlich möchte die Frage in Wirklichkeit herausfinden. Deshalb erhielt auch die Bewerberin 100 Punkte, die antwortete: »Ich versichere dem Kunden, dass ich mich darum kümmern werde, drehe mich im Bett um, schlafe noch eine Runde, frühstücke in aller Ruhe und starte dann ein dreimonatiges Restrukturierungsprojekt für unseren Customer-Support. Denn der hat ja wohl mächtig geschlafen, wenn ein Kunde morgens um sechs dort niemanden erreicht!«

»Wie sieht es mit Auslandsaufenthalten aus?«
»Wenn ich mich recht entsinne, haben Sie keinen internationalen Handlungsreisenden ausgeschrieben, sondern eine Managementposition. Dass man dafür auch mal einige Tage in der Welt herumfliegen muss, liegt in der Natur der Position und ist selbstverständlich.«

Viele junge Frauen finden solche Musterformulierungen ganz toll und fragen mich: »Darf ich die auswendig lernen?« Ja. Das Problem liegt nicht darin, dass dann alle Bewerberinnen dieselbe Antwort benutzen — das ist rein empirisch höchst unwahrscheinlich. Das Problem liegt darin, dass man es hört, wenn Sie etwas auswendig herunterleiern. Was tun? Sie wissen es inzwischen: Üben Sie! Jeder Satz, den Sie so lange laut üben, bis er dreimal hintereinander fehlerfrei kommt, klingt glaubhaft.

»Wenn Sie in Ihrem alten Job so toll waren, wie Sie sagen —
warum wollen Sie dann überhaupt wechseln?«
»Weil mein alter Job toll war. Aber für jeden tollen Job gibt es einen tolleren. Ich habe den begründeten Verdacht, dass Ihr Jobangebot mich deutlich weiterbringt und ich kann das auch begründen. Erstens ...«

»Wie setzen Sie sich gegenüber Mitarbeitern durch, die älter sind als Sie und Sie nicht auf Anhieb als neue Vorgesetzte akzeptieren?«

Etliche Bewerberinnen fassen diese Frage als fies auf, wie sie mir hinterher berichten. Ich denke dann immer: *Mädel, du hast dich auf einen Führungsjob beworben und antizipierst nicht das naheliegendste aller Führungsprobleme im neuen Job?* Vorbereitung heißt eben auch: vorausdenken, was am neuen Arbeitsplatz alles auf die Neue zukommen könnte. Und was heute leider immer noch fast jeder frischgebackenen Vorgesetzten passiert: Selbst viele Frauen akzeptieren sie nicht wirklich in dieser Rolle. Das ist bedauerlich — aber antizipieren Sie das bitte!

Eine gute Antwort auf diese konkrete Frage lautet übrigens: »Ich muss mich nicht gegen Mitarbeiter durchsetzen. Ich werde sie mit meiner fachlichen und meiner Führungskompetenz überzeugen. Alle. Nicht nur die älteren Mitarbeitenden.«

Wenn wir im Seminar solche Musterantworten diskutieren, sind erst alle begeistert und wollen die Vorlagen nutzen. Dann aber seufzen viele: »Das ist toll formuliert. Aber so mutig bin ich nicht. So souverän kann ich nicht reden. Das kauft mir keiner ab.« In dem Moment des Seufzers sicher nicht. Also nehmen Sie eine schwächere Formulierung, die zu Ihrem von Selbstzweifeln geplagten Selbstwertgefühl passt.

> **! Tipp**
>
> Oder Sie verbieten sich Ihre Selbstzweifel. Natürlich funktioniert das nicht direkt, sondern nur indirekt, etwa mit einer Suggestivfrage: Was würde eine wirklich souveräne, selbstbewusste Frau, die ich durch und durch bewundere, an meiner Stelle sagen? Wie würde sie es sagen? Wie würde sie sitzen, gestikulieren, atmen, lächeln?

Der Trick an dieser Was-wäre-wenn-Übung ist: Wenn Sie sich das auch nur wenige Sekunden lang in allen Details ausmalen, können Sie nicht verhindern, dass Ihr Selbstbewusstsein dem Ihrer visualisierten Ikone immer näher kommt. Ob Sie als gedachtes Vorbild eine reale Frau (Schauspielerin, Politikerin, Prominente, Wissenschaftlerin, historische Persönlichkeit, Verwandte, Bekannte …) wählen oder eine fiktive Person, hängt ganz von Ihrer persönlichen Präferenz und der Lebhaftigkeit Ihrer Phantasie ab. Eifern Sie Ihrem Vorbild nach!

ARBEITSHILFE ONLINE

> **Übung**
>
> Natürlich gibt es noch Dutzende anderer Fragen. Legen Sie eine Liste an! Und üben Sie die Antworten. Entweder frei oder mit unserer sechsten Das-kann-ich-besser-Übung.

Fiese Fragen

»Wie kommt eine Frau mit Ihrem Aussehen überhaupt in so einen Beruf?«, wurde die blonde, schlanke Maschinenbau-Ingenieurin mit der Figur einer Fitnesstrainerin gefragt. Sie war empört. Das wunderte mich. Ich fragte sie: »Haben Sie denn nicht mit frauenfeindlichen Fragen gerechnet?« — »Nein«, meinte sie mit Verweis auf Emanzipation, Frauenrechte und Gleichstellungsgesetz. »Und überhaupt: Es geht doch um meine fachliche Kompetenz, nicht um mein Aussehen!« Das hatte sie auch zu dem Personaler gesagt, der gewiss nicht sexistisch-chauvinistisch, sondern lediglich männlich-charmant sein wollte. Diese Erwiderung verärgerte nun wiederum den Personaler. Natürlich wurde die Bewerberin nicht für die zweite Runde eingeladen.

Nach fünf Minuten Nachdenken im Coaching fiel ihr eine alternative Formulierung ein: »Danke für das Kompliment. Schon als kleines Mädchen habe ich nicht mit Puppen gespielt, sondern sie auseinandergenommen und deren Gelenkkonstruktion studiert. Mechanik fasziniert einfach, finden Sie nicht?« Perfekt. Nicht nur die Formulierung, sondern vor allem die Einstellung: Du patzt mich an, ich bleibe souverän. Du wirst (unbewusst) sexistisch, ich hau dir das nicht um die Ohren, sondern bleibe diplomatisch und freundlich. Diese Einstellung kann man üben. Indem man so lange freundlich und diplomatisch auf fiktive Fragen antwortet, bis aus der Formulierung eine innere Einstellung wird. Denken Sie auch daran, dass nicht nur sexistische Fragen fies sein können, sondern auch fachliche und berufliche, zum Beispiel:

- Sie haben doch derzeit einen guten Job, warum wollen Sie überhaupt wechseln?
- Welche beruflichen Aufgaben würden Sie von vorneherein ablehnen?
- Was würden Sie als Erstes ändern, wenn Sie bei uns anfangen?
- Wir legen keinen Wert auf kollegiales Kuschelklima. Gesunde Konkurrenz erhöht die Produktivität — finden Sie nicht auch?
- Wie wollen Sie denn Ihrer Führungsaufgabe gerecht werden, wenn zu Hause bei Ihnen die Kinder ständig krank sind und die Anwesenheit der Mutter erforderlich ist?

Das darf der/die doch gar nicht fragen! Ja, das ist sicher die korrekte Einschätzung, doch die falsche Reaktion. Sie zeugt von fehlender Vorbereitung in Form von Formulierung und Einstellung. Die kluge Bewerberin ist wie die Frau von heute: Nichts kann sie überraschen. Sie rechnet mit allem. Sie ist auf alles vorbereitet. Selbst auf die Frage: »Wir sollten das in aller Ruhe besprechen — wie wäre es heute beim Abendessen?« Der Witz ist: Ab einer bestimmten Hierarchieebene des ausgeschriebenen Jobs sowie in bestimmten Firmen und Branchen ist das ab der zweiten Einladung fürs Gespräch mit dem Fachvorgesetzen in spe durchaus üblich (solange das Essen im Restaurant stattfindet). Auch männliche Bewerber der engeren Wahl werden eingeladen.

Wenn der Interviewer jedoch bereits beim ersten Interview verbal oder physisch übergriffig wird, kann frau beim Personaler das noch souverän abwehren: Ihn sieht sie nach der Einstellung höchstens einmal im Jahr. Beim Fachvorgesetzten dagegen empfiehlt sich: höflich bleiben, freundlich Avancen abwehren und das etwaige Jobangebot nicht annehmen. Denn was schon übergriffig beginnt, wird mit der Zeit sicher nicht besser, sondern schlimmer. Sauerei? In der Tat — aber kennen Sie eine bessere Lösung, die Sie selbst initiieren können?

»Würden Sie bei einer Beförderung auch ins Ausland ziehen?«
Sehr fiese Frage. Gute Antwort: »Ich bewerbe mich für eine Führungsposition und da ist internationale Mobilität selbstverständlich.« Wie meinen?

! **Tipp**

Genau, heikle, fiese Fragen immer nach dem Prinzip beantworten: offen, selbstbewusst, konkret — aber nicht verpflichtend.

»Wir stellen für diese Position nur jemanden ein, der oder die eine langfristige Perspektive verfolgt. Wie stehen Sie dazu?«
Will heißen: Die einzig akzeptierte Beendigung des Beschäftigungsverhältnisses ist ein Firmenbegräbnis. Aber Sie brauchen den Job nur als Überbrückung? Als Übergangslösung? Oder Sie planen maximal für die nächsten drei Jahre? Dann sagen Sie das nicht.

Das wäre gelogen? Das bezweifle ich. Für einen Job an der Pommesbude kann niemand lebenslanges Commitment verlangen. Wenn Sie also jemand für die nächsten zehn Jahre ans Unternehmen binden möchte, muss er dafür auch einiges tun. In dem Fall könnten Sie sich zum Bleiben überreden lassen. Ansonsten haben Sie vielleicht im Interview gelogen — aber die Gegenseite hat ihre Verpflichtung auch nicht eingehalten.

»Die haben mich nach meinem Privatleben gefragt!
Aber das geht die doch nichts an!«
Auch dies sagen Frauen häufig erbost, wenn sie von ihren Erfahrungen berichten. Irrtum. Und: Auch Männer werden danach gefragt. Ab einer bestimmten Hierarchieebene (meist Abteilungsleitung aufwärts), ist es absolut üblich (über die gesetzliche Zulässigkeit wollen wir nicht reden), das private Umfeld eines Bewerbers, einer Bewerberin abzuklopfen. Niemand wird Geschäftsführer und Vorgesetzter von 50, 500 oder 5.000 Menschen, der oder die in einem zerrütteten sozialen Umfeld lebt. Wer gerade eine üble Scheidung durchmacht, kann sich nicht um seine Mitarbeiter kümmern — denken viele Arbeitgeber. Das mag willkürlich sein, aber so lautet in vielen Unter-

nehmen die Spielregel. Also antworten Sie geduldig, souverän, konkret — aber ohne allzu viel aus dem Nähkästchen zu plaudern. Als Frauen können wir das, da wir oft mit Kolleginnen zu tun haben, denen frau nicht wirklich alles auf die Nase binden möchte.

Viele Bewerberinnen sind übrigens nach dem Interview sauer: »Jetzt habe ich mich so sorgfältig auf private und persönliche Fragen vorbereitet — und die haben nur nach dem Fachlichen gefragt!« Genauso viele Bewerberinnen klagen: »Jetzt bringe ich fachlich 20 Jahre Toperfahrung mit — und die fragen mich eine halbe Stunde nach persönlichem Kram!« Was wollen Sie denn? Dass der Interviewer sich an Ihre Vorbereitung hält? Seien Sie lieber froh, dass überhaupt gefragt wurde. Viele Interviewer fragen nämlich selbst heutzutage nicht wirklich viel, sondern halten Monologe über die Einzigartigkeit ihrer Firma und ihre Person und entscheiden danach per Nasenfaktor, welcher Bewerber es wird.

»Sie sind 36, attraktiv, erfolgreich und immer noch nicht in festen Händen?«

»Sie haben ja keine Ahnung, wie schwer es für eine starke Frau ist, einen starken Mann zu finden.« Oder: »Sie wissen doch selbst, wie schwierig es ist, neben einem anspruchsvollen Beruf auch noch ein Privatleben zu führen.« Beide Antworten hört man oft, möchte das aber nicht wirklich. Die erste Variante ist larmoyant statt souverän und die zweite phlegmatisch statt anpackend. Merke: niemals jammern, niemals klagen, niemals sich rechtfertigen! Sondern: Alles, was ich bin, denke und mache, habe ich bewusst so gewählt!

Das muss nicht wirklich stimmen — aber das sollten Sie vermitteln. Logische Argumente dafür finden Sie immer, zum Beispiel in diesem Originalton einer Bewerberin: »Ich fühle mich ganz wohl als Single. Ich habe diesen Lebensstil bewusst gewählt. Mir ist eine Familie einfach zu klein — ich habe lieber einen großen Freundeskreis. Und bei meinem Anspruch an fachlich einwandfreie Arbeit möchte ich mein Hauptaugenmerk einfach auf den Beruf legen.« Stark, einfach stark. So sollte sich das anhören. Große Töne spucken? Ja, so können Sie das auch ausdrücken. Das kann frau übrigens üben.

Ihre fiesen Fragen

»Ich weiß immer noch nicht, ob das der richtige Job für mich ist!«, stöhnt die Bewerberin. Wohlgemerkt nach dem Bewerbungsgespräch. Warum hat sie denn nicht genügend Fragen gestellt, um das herauszufinden?

»Hab ich doch! Ich hatte eine ganze Liste von Fragen zu Job, Gehalt, Urlaubsregelung und so weiter im Kopf!«
»Aber die konnten alle Ihre Unsicherheit nicht beseitigen?«
»Nein!«
»Worin bestand Ihre Unsicherheit denn hauptsächlich?«
»In der strukturellen und prozeduralen Unklarheit der Abgrenzung zwischen Vertrieb und Verkauf im Unternehmen!«
»Haben Sie dazu fünf Fragen gestellt?«
»Nein. Eine. Und die hat er ausweichend beantwortet.«
»Warum haben Sie nicht nachgefasst, nachgehakt?«

Kurz: Die Bewerberin wollte nicht als begriffsstutzig oder als jemand auffallen, die das Gegenüber in Verlegenheit bringt. Das ist wieder so ein Fall von überzogener Rücksichtnahme. Wann ist Rücksicht überzogen? Sobald Ihre eigenen Interessen benachteiligt werden. Und das ist in diesem Fall der Fall. Die unerfahrene Bewerberin fragt umso weniger, je heikler das Thema ist. Die erfahrene Bewerberin fragt umso höflicher und dezidierter, je heikler ein Thema ist, zum Beispiel: »Ich verstehe, dass man die Aufgabenteilung zwischen Vertrieb und Verkauf nie wirklich letztgültig regeln kann — aber erklären Sie mir doch bitte, warum ich als Verkaufsleiterin in spe für reine Verkaufsmaßnahmen das Einverständnis der Vertriebsleitung benötige.«

Welche Frage sollten Sie übrigens niemals als Erstes stellen? Die nach den Arbeitszeiten wegen der Kinderbetreuung. Hört man jedoch ganz oft. Mit gutem Grund: Das ist eine wichtige Frage. Doch wenn Sie die zuerst stellen, denken Interviewerin wie Interviewer: *Die braucht den Job auch bloß als Lückenfüller zwischen den Familienzeiten.* Oder: *Das Kind ist wohl wichtiger als der Job!* Ist es. Immer. Für jede gute Mutter. Aber jede gute Mutter sollten nebenher auch eine kluge Frau sein und diese ewige Wahrheit nicht durch ungeschicktes Fragen dem Gegenüber wie einen nassen Lappen um die Ohren hauen.

Was ist übrigens die häufigste erste Frage von ganz jungen Bewerberinnen und Berufsanfängerinnen? Ja, richtig getippt: Die Frage nach Gehalt (»Was verdient man denn hier so?«), Feierabend, Sozialleistungen und Urlaub. Danach könnte man das Gespräch dann sofort beenden. Mancher Personalleiter tut das. Damit erspart er beiden Parteien unnötige Zeitverschwendung.

Den Worst Case denken

Einer Architektin in einem großen Architekturbüro wurde schon vor Jahren ein toller Job angeboten, alle im Büro wollen ihr diesen Job zuschanzen, weil

4 Den Worst Case denken

sie wirklich die Beste dafür ist. Trotzdem wird der Job natürlich ausgeschrieben. Aber da er exakt auf ihr Kompetenz- und Erfahrungsprofil zugeschnitten ist, gibt es im Markt schlicht keinen vergleichbaren Bewerber. Ideale Situation? Job schon so gut wie in der Tasche? Denken alle. Bis auf die Architektin selbst.

Sie hat nämlich inzwischen ein Kind und ein Haus draußen auf dem Land. Jetzt denkt sie: Damit hat sich so viel geändert, dass die stillschweigende Vereinbarung sicher nicht mehr gilt! Und sie hat eine Heidenangst vor dem Bewerbungsgespräch. Was sie prompt versemmelt. Nicht, weil ihr Arbeitgeber tatsächlich von der Übereinkunft abgerückt wäre, sondern weil sie wegen der Furcht davor so nervös war. Gnadenhalber wird sie zur zweiten Runde eingeladen. In der Zwischenzeit besucht sie ein Bewerbungsseminar. Es gibt viele davon. Einige davon sind wirklich gut. Schauen Sie sich doch mal um.

In diesem Seminar sagt die Trainerin: »Okay, nehmen wir das Schlimmste an: Der Büroleiter sagt, dass Sie jetzt mit Kind und Haus völlig ungeeignet für den Job sind.« — »Das ist doch Unfug«, entgegnet die Bewerberin. »Er hat mir doch erst vor ein paar Tagen zum wiederholten Male versichert, dass sie mich in der Position wollen!« Wieso fällt ihr das jetzt erst ein? Und erst, nachdem jemand sie daran erinnerte?

Weil wir Unangenehmes, Furchteinflößendes gerne und unbewusst verdrängen. Und nichts ist unangenehmer als der Worst Case. Also schieben wir oft alles, was mit ihm zu tun hat, zur Seite. Leider auch Lösungen wie *Er hat mir doch erst vor ein paar Tagen zum wiederholten Male versichert ...* Weil die Trainerin weiß, was vor sich geht, spricht sie den Worst Case explizit an. Das reicht meist schon, um die unbewusste Verdrängung auch solcher Lösungen aufzuheben oder zu lockern.

Viele Bewerberinnen fürchten sich auch wegen der Lücke in der Bewerbung. Verlangt werden zum Beispiel drei Fremdsprachen, Sie können aber nur zwei. Oder es wird ein Zertifikat verlangt, wo Sie »nur« einen unzertifizierten Lehrgang vorweisen können. Was soll frau dann sagen? Die Frage liegt nahe, entbehrt jedoch jeder Grundlage: Wenn Sie trotz »Lücke« eingeladen werden, kann das Ganze ja nicht so gravierend sein, wie Sie annehmen, oder? Dann haben andere Elemente Ihrer Bewerbung und Ihrer Kompetenz so stark überzeugt, dass sie den angeblichen Mangel wettmachen. Und so können Sie auch argumentieren. Sie können sogar den Interviewer fragen, welche dieser Elemente ihn besonders beeindruckt haben. Nein, das ist nicht arrogant, das ist offensichtlich.

Da Frauen beziehungssensibler sind als Männer, ist ein Worst Case auch, auf einen total unsympathischen Interviewer, einen echt harten Hund zu treffen. Auch der Übervater oder die herablassende Person aus dem Personalwesen können ein Vorstellungsgespräch torpedieren. Die Palette schwieriger Typen ist endlos. Bei welchen Typen verlieren Sie die Fassung? Das wird aber lediglich dann passieren, wenn Sie sich nicht gedanklich darauf vorbereiten. Wenn Vorstellungsgespräche wegen schwieriger Interviewer schiefgehen, dann nur, weil Frauen sich davon überraschen lassen. Das kann Ihnen nicht passieren, wenn Sie solo oder zu zweit einige Rollenspiel-Sparringsrunden mit dem schwierigen Typen boxen.

Das ging leider voll daneben

Kerstin heult ihrer besten Freundin ins Telefon: »Das Vorstellungsgespräch habe ich voll versemmelt! Der Interviewer hat auch so blöde Fragen gestellt! Irgendwie war ich wie vor den Kopf gestoßen!« Und so weiter. Seit 20 Minuten. Das ist zwar menschlich, aber kein selbstwertschätzender Umgang mit Rückschlägen. Das ist Re-Traumatisierung. Aus diesem Grund brauchen manche Frauen Tage und einige unruhige Nächte, bis sie den Rückschlag verdaut haben (sie re-traumatisieren sich praktisch ständig selbst).

> **! Tipp**
>
> Zur Vorbereitung auf das Vorstellungsgespräch gehört deshalb, dass Sie sich auf einen Fehlschlag vorbereiten.
> - Sagen Sie sich: Ich werde mein Bestes geben. Wenn es klappt, prima.
> - Wenn es nicht klappt: keine Selbstvorwürfe! Stattdessen: Ich schaue mir ganz sachlich an, was gut lief und was nicht so gut lief.
> - Und nehme mir fürs nächste Mal konkrete Dinge vor, die ich besser machen werde.
> - Sobald Bedauern und Ärger wieder im Hinterkopf auftauchen: lieber an das denken, was Sie besser machen wollen.

Selbstmitleid ist erlaubt. Aber nicht, sich darin zu suhlen. Wann immer Sie an einem Rückschlag richtig zu knabbern haben, erinnern Sie sich an Ihre Wünsche: Was möchte ich? Wie soll mein neuer Job aussehen? Was erwarte ich mir davon? Wie toll wird das werden?

Nach so langer Pause?

In Kapitel 2 haben wir eine heikle Frage im Vorstellungsgespräch angeschnitten: »Trauen Sie sich nach so langer Pause denn so einen Job zu?«, fragt der Interviewer. Die Bewerberin jedoch versteht: *Sie sind wegen Ihrer Pause völlig ungeeignet!* Dabei ist das nicht so gemeint! Wozu der Interviewer Sie auffordert, ist lediglich: *Bitte überzeugen Sie mich von Ihrer Eignung — trotz*

Pause! Ich habe wieder einige Formulierungen von souveränen Bewerberinnen gesammelt:
- Was mir pausenbedingt an Berufserfahrung fehlt, mache ich mit gesteigerter Motivation mehr als wett. — Ja, klar, ein Klischee, aber Ihr Gegenüber möchte einfach nur etwas hören, das sagt: Ich traue mir das zu!
- Ich war in der Familienphase ja nicht untätig. Ich habe mich immer auf dem Laufenden gehalten, was die Entwicklungen in meinem Berufsfeld angeht.
- Ja, natürlich. Sonst wäre ich nicht hier.
- Zutrauen ist noch zu wenig gesagt. Ich brenne förmlich darauf.
- Lassen Sie mich raten: Einen Mann haben Sie sowas noch nie gefragt ...

Hoppla, da geht eine ganz schön ran! Sie neckt den Interviewer. Darf frau das?

What's your Style?

Sie sollten nicht nur vorbereiten, was Sie im Interview, sondern auch, wie Sie es sagen. Die zuletzt genannte Äußerung einer Bewerberin gegenüber dem Interviewer überrascht — passte aber in ihrem Fall. Warum? Weil der vorher selber augenzwinkernd kollegialen Spott angebracht hatte. Sie zahlte mit gleicher Münze zurück — die richtige Art von Männern beeindruckt das. Die fassen das nicht als frech auf, sondern: *Mit der kann man vernünftig reden und muss sie nicht behandeln wie ein Porzellanpüppi.*

Ganz junge Bewerberinnen, die sich um einen Ausbildungsplatz bewerben, sind manchmal das Extrembeispiel von Stil im Ausdruck: gesenkter Kopf, kein Augenkontakt, verzweifelt geknetete Hände und jede Antwort einsilbig und genuschelt. Das hat auch Stil. Leider keinen, der positiv beeindruckt.

> **Tipp**
> Wie sollten Sie im Interview reden? Souverän, fachlich kompetent, durch nichts aus der Ruhe zu bringen, freundlich — aber nicht dauerlächelnd wie ein Honigkuchenpferd (Männer interpretieren das als schwach, Frauen als Gegenüber oft auch). Und darüber hinaus: laut, klar und deutlich artikulieren.

Letzteres ist keine Selbstverständlichkeit, da wir uns im Alltag oft eine ziemlich nuschelige Schludrigkeit in der Aussprache angewöhnt haben. Das geht in der Clique — im Interview nicht. Also: Üben, bitte!

Zur Stilfrage gehört auch die Sorritis vieler Frauen. Sie entschuldigen sich schlicht zu oft. »Ah, Entschuldigung, das wusste ich nicht von Ihrem Unternehmen.« Warum muss frau sich dafür entschuldigen? Völlig unnötig. Ich weiß, viele Frauen meinen mit einem »Entschuldigung!« die Bitte, ihr nicht böse zu sein. Diese Interpretation kennen die meisten Männer jedoch nicht. Sie assoziieren automatisch: *Schwach, ganz schwach. Entschuldigt sich wegen alles und jedem!* Finden Sie mal heraus, wie oft Sie sich im normalen Alltag entschuldigen. Es reicht oft schon, wenn man bewusst darauf achtet, um die Gewohnheit — zumindest für die Dauer des Interviews — abzulegen.

Wir alle haben unsere Sprachmarotten. Der Unterschied zwischen einer im Sinne des Wortes selbst-bewussten Frau und einer, die sich mit ihren Angewohnheiten selbst schadet, ist: Die selbst-bewusste Frau kennt ihre Marotten. Deshalb kann sie in Vorbereitung und Gespräch darauf achten. Worauf? Ich habe wieder einige Meldungen von Bewerberinnen gesammelt:

- Ich texte mein Gegenüber gerne zu, wenn ich nervös bin.
- Unter Stress werde ich einsilbig.
- Ich lächle viel zu oft, eigentlich ständig, wenn ich unter Druck stehe.
- Ich stelle viel zu wenige Zwischenfragen.
- Ich lobe zu wenig, wenn mein Gegenüber seine Leistungen herausstreicht.
- Ich will es immer einfach nur hinter mich bringen, sodass ich viel zu wenig über meine Leistungen und Fähigkeiten rede.
- Ich häufe unter Stress Füllwörter an wie »eigentlich« oder «tatsächlich».

Das sind schlimme Schwächen? Nein. Indem sie festgestellt und laut ausgesprochen werden, sind es keine Schwächen mehr. Sondern Aufgaben, die es zu bewältigen gilt: erkennen — abstellen. Marotte erkannt, Marotte gebannt.

Zur Stilfrage gehört weiterhin, wie Sie argumentieren. Viele Bewerberinnen sind zu Recht stolz auf ihre Leistungen und Erfahrung und sagen daher oft: »Wir machen das so und so«, wobei sie sich auf ihren aktuellen Job beziehen, um ihre konkrete Erfahrung nachzuweisen. Häufig sagt dann der Interviewer: »Aber bei uns hier macht man das ganz anders!« Weil er Ihren Vergleich missversteht als: *Die hält ihre aktuelle Firma für besser als uns!* Verkneifen Sie sich also Rückgriffe auf Ihren aktuellen Job — es sei denn, man fragt Sie dezidiert danach. Wenn es darum geht, wie Sie ein fachliches Problem lösen wollen, dann sagen Sie einfach, wie Sie es machen würden.

Spielt (k)eine Rolle!

Personalleiter: »Wie beurteilen Sie unsere Marktstrategie in Bezug auf die Herausforderungen der digitalen Transformation?«

Bewerberin: »Ihr Web-Shop ist wirklich klasse. Ich shoppe oft darin. Aber Ihr Auftragsdurchlauf? Kann ja wohl nicht sein, dass ich auf ein Kleidungsstücke eine Woche warte.«

Ganz schön mutig, nicht? Hinterher ist die Bewerberin über ihre eigene Courage erschrocken: »So bin ich normalerweise nicht! Ich bin eher der schüchterne Typ. Aber sobald die Bühnenscheinwerfer angehen, bin ich Lara Croft und Supergirl in einem! Was ist bloß los mit mir?« Das Richtige.

> **Tipp**
>
> Wir alle spielen Rollen, daher kommt auch der Ausdruck: »Sie geht voll in ihrer Mutterrolle auf.« Was viele nicht wissen: Das passende Rollenverständnis ist die beste Vorbereitung und die beste Garantie für den Bewerbungserfolg. Mit der Betonung auf »passend«. Ihr Rollenverständnis sollte zur Situation, zum Gegenüber und zu Ihrer eigenen Befindlichkeit passen.

Eine besonders schüchterne Bewerberin, Abteilungsleiterin und zweifache Mutter, gestand mir: »Immer, wenn ich mich bewerben muss, sage ich mir: Das ist jetzt Krieg! Und ich gebe kein Pardon!« Hat sie die Interviewer reihenweise vors Schienbein getreten? Nein. Sie trat einfach nur selbstbewusst auf. Doch wenn eine ganz schüchterne Person sich sagt: *Sei doch einfach selbstbewusst!*, dann hilft das meist nicht. Weil es ihrer extremen Schüchternheit nicht gerecht wird. Sie braucht auch eine extreme Einstellung. Und Krieg als Metapher ist extrem.

Der Witz ist: Wir müssen nichts erfinden. Jede von uns trägt jede erdenkliche Rolle bereits in sich. Die Wissenschaft spricht hier von Ego States, von Ich-Zuständen. Überlegen Sie sich, was Sie brauchen. Denken Sie nach, wann Sie die gewünschte Charaktereigenschaft sehr ausgeprägt bereits leben oder gelebt haben. Geben Sie dieser Rolle (»Supergirl!«) oder auch der Situation (»Krieg!«) einen Namen. Das ist der sogenannte Anker. Und immer, wenn Sie sich an diesen Anker gedanklich erinnern, wird die damit verbundene Rolle ausgelöst. Dieser Gedanke ist ein auditiver Anker, es gibt auch visuelle (ein geistiges Bild) oder kinästhetische (zum Beispiel die Becker-Faust). Probieren Sie es aus: Welcher Anker aktiviert in der konkreten Situation die gewünschte Rolle am besten?

Die meisten Menschen ankern unbewusst: »Immer wenn der Max, dieser Schlamper, mit seiner Spesenabrechnung ankommt, werde ich zur Furie!« Prima. Die Furie ist schon in Ihnen drin. Unbewusst. Sie brauchen sie also nur noch ganz bewusst dann zu wecken, wenn sie erscheinen soll, auch wenn Max nicht zu sehen ist. Dazu reicht die Erinnerung an den Auslöser, den Anker. Und auch dieses Auslösen eines Rollenbewusstseins kann und sollte frau üben. Es lohnt sich.

Vorbereitungsverweigerinnen

Eine gute Vorbereitung auf das Bewerbungsgespräch ist die halbe Miete. Trotzdem beschäftigen sich viele Frauen vorab nicht oder nicht genügend damit. *Keine Zeit!*, diese Ausrede schützen jene vor, die sich aus einem aktuellen Job heraus bewerben. Doch für Wichtiges hat frau immer Zeit — weil sie sich die Zeit nimmt. Warum nicht für eine Gesprächsvorbereitung?

Weil sie viele Frauen nicht beruhigt, sondern noch nervöser macht. Sie verdrängen den Gesprächstermin lieber bis 24 Stunden vorher, schieben einen Tag lang Panik und bringen die Sache möglichst zügig hinter sich: *Immer noch besser, als tagelang Panik zu schieben!* Das ist eine mögliche Lösung. Die zweitbeste.

Die beste ist: Lesen Sie Kapitel 1 und 2 noch einmal und/oder bekämpfen Sie Ihre Panik ad hoc, indem Sie sich fragen: *Was macht mich denn am meisten nervös?* Es sind immer Angsttreiber wie diese: *Dass mir nichts einfällt!* Oder: *Dass der mir krumm kommt!* Oder: *Dass ich diesen Job nicht kriege!* Im nächsten Schritt werden Sie mit Ihren Fragen konkreter: *Auf welche Frage fällt mir nichts ein?* Oder: *Wie kommt er mir krumm?* Oder: *Was könnte dann mein Plan B sein?* Und dann bereiten Sie sich auf diese Worst Cases vor. Konkrete Vorbereitung killt abstrakte (und daher absurde) Angst.

Haben Sie die Angst erst überwunden, macht die Vorbereitung Spaß. Das merke ich zum Beispiel, wenn ich zum Abendessen eingeladen bin, die Gastgeberin steckt mitten drin in der Bewerbungsphase und ihre Kinder und/oder der Partner werfen ihr beim Tischdecken oder Abspülen nach Art des Vokabelabfragens Interviewfragen zu. Lustig: Man kann aus allem etwas Spannendes, Unterhaltsames, Soziales und Spielerisches machen. Und je ernster eine Sache ist, desto spielerischer sollte frau sie angehen. Wer spielt, bleibt locker. Wer locker bleibt, wirkt souverän. Wer souverän handelt, handelt erfolgreich. Ich wünsche es Ihnen.

5 Stark und souverän: So führen Sie das Interview

> *»Ich will überhaupt lauter Unmögliches, aber lieber will ich das wollen, als mich im Möglichen schön zurechtzulegen.«*
> Franziska zu Reventlow

> *»Wer will, die kann.«*
> Mildred Scheel

Sie können das doch!

Vergessen Sie die Vorstellung, dass ein Vorstellungsgespräch etwas Besonderes sei. Solche Gedanken provozieren lediglich Lampenfieber. Natürlich ist der Anlass etwas Besonderes — aber das, was Sie dabei tun, ist es nicht: Das können Sie längst, machen es schon immer: sprechen. Sie sind nicht auf den Mund gefallen — überlassen Sie die Erinnerung daran nicht mir, sondern erinnern Sie sich immer wieder selber daran. So oft wie möglich, so oft wie nötig. Damit festigen Sie eine konstruktive Einstellung. Hilfreiche Einstellungen erhalten sich nicht von selbst, sie wollen erarbeitet und fortlaufend gepflegt werden.

Es kommt im Interview darauf an, »nicht auf den Mund gefallen zu sein«. »Ach ja?«, fragen viele Frauen erstaunt. Es kommt also nicht darauf an, so kompetent wie eine Nobelpreisträgerin, so charmant wie Michelle Obama, so stark wie Carolin Kebekus oder so schlagfertig wie Mirja Boes zu sein? Nein. Aber das glauben viele. Vor allem die Perfektionistinnen unter uns. Wer das meint, verkrampft. Besser ist es, sich zur Erkenntnis und Einstellung durchzuringen: Ich kann reden, da ich ständig rede. Es fällt vielen nicht leicht, sich dazu durchzuringen. Hierzu eine Dialogpassage aus dem Seminar:

Evi: »Aber ich arbeite seit zwei Jahren nicht mehr in einem Beruf, in dem ich viel reden muss!«

Sanne: »Äh, du bist doch Mutter — und da musst du nicht viel reden?« (Gelächter im Seminarraum)

Viviane: »Ich bin Buchhalterin und rede nur mit Computern.«

Seminarleiterin: »Vorhin sagten Sie, sie geben dreimal die Woche im Verein Yoga-Stunden — etwa stumm?« (Wieder lachen alle).

Was das Lachen zeigt: Wir sind Frauen. Wir sind hoch kommunikativ. Wir reden praktisch pausenlos. Und wir machen uns Sorgen, im Interview nichts (Gescheites) herauszubringen? Das ist lachhaft. Also machen Sie sich keine

Sorgen, sondern Gedanken. Und zwar einstellungsbildende Gedanken: Ich rede, also kann ich reden! Man soll sich selbst etwas einreden? Ja. Das nennt man auch Selbstwirksamkeitsüberzeugung. Die bekommt frau allerdings nicht geschenkt, die sollten wir uns erarbeiten.

Gesundes Selbstbewusstsein

Manche Frauen sitzen vor ihrem Gesprächstermin nervös im Sekretariat oder in der Lounge und man kann förmlich ihre Gedanken lesen: *Was fragen die mich nachher bloß? Was denken die von mir? Sitzt die Frisur? Ist die Bluse nicht zu auffällig? Ich hab zu viel Parfüm aufgetragen! Und ist das ein Fleck? Warum gucken die alle so?*

Sie werden schon nervös, wenn Sie diese Zeilen lesen? Dann machen Sie einen kleinen Abstecher in die Kapitel 1 und 2. Oder modellieren Sie jene Frauen, von denen mir Personalleiterinnen und Fachvorgesetzte auch erzählen: souverän, stark, selbstbewusst. Wie schaffen die das? Die denken souverän und stark, deshalb fühlen sie sich auch so. Was denken die? Zum Beispiel solche Sätze:

- Ich weiß, was ich kann. Und was ich kann, kann ich gut.
- Ich will diesen Job!
- Meine Qualifikationen sind weit überdurchschnittlich, meine Arbeitsnachweise ebenso.
- Wo ich jetzt bin, bin ich die tragende, treibende Kraft. Ich bewege etwas.
- Ich weiß, was ich will — und ich will diesen Job!

Wer so denkt, denkt aus zwei Gründen konstruktiv. Erstens legt sich die Nervosität. Und zweitens konzentrieren Sie sich auf das, worauf es ankommt: nicht auf Ängste, Zweifel und Nervosität, sondern auf Ziele, Absichten, Interessen, Kompetenzen, Fähigkeiten und Qualifikationen. Eine Bewerberin, Abteilungsleiterin, die sich für die Bereichsleitung bei einem internationalen Konzern bewarb, sagte vor dem anstehenden Gespräch zu Familie und Freunden: »100.000 will ich schon für den Job!« Ich weiß nicht, ob sie es bekam. Aber ich weiß: Auf diese Weise im Sinne des Wortes anspruchsvoll zu denken, ist besser als: *Hoffentlich kriege ich den Job!*

Die Trotzkopf-Strategie

Ich erlebe immer wieder hoch kompetente, erfahrene, hochrangige Frauen, die im Bewerbungsgespräch versagen. Vor allem dann, wenn die Interviewer dezidiert darauf aus sind, die Bewerberin zu »grillen«. Nicht aus Frauenfeindlichkeit, sondern weil ab einem bestimmten Hierarchielevel oder für bestimmte Positionen oder einfach nur, weil es der offensiven Persönlichkeit des Interviewers entspricht, auf diese Weise die Stressresistenz, Volition und Handlungsfähigkeit aller Kandidaten (auch der männlichen) getestet wird. Dazu werden fiese Fragen gestellt, es wird haarspaltend nachgehakt, provoziert, widersprochen und irgendwann kommen die Bewerberinnen — und auch viele Bewerber — aus dem Tritt.

Elena zum Beispiel verliert nach fünf fiesen Fragen die Fassung, als einer der drei hochrangigen Interviewer ihr an den Kopf wirft: »Sie sind 38 und haben es bislang bloß zur Abteilungsleiterin gebracht — was ist mit Ihnen los? Kein Ehrgeiz?« Elena sagt hinterher: »Anstatt zu stottern und auf den Boden zu schauen, hätte ich sagen sollen: ›In meinem aktuellen Unternehmen Abteilungsleiterin zu werden ist, wie in anderen Unternehmen Vorstandsmitglied zu werden‹!« Ja, hinterher ist frau immer schlauer — aber das hilft nicht weiter. Der springende Punkt ist nicht die falsche Antwort, sondern dass Elena sich selbst untreu wurde und ihre Einstellung aufgegeben hat. Vor dem Gespräch hatte sie die Einstellung: Ich kann was! Und ich kann das beweisen! Dann haben ihr die bösen Interviewer den Schneid abgekauft. Und genau darum geht es: Schneid, Chuzpe, Einstellung, Haltung, Selbstwirksamkeitsüberzeugung. Genauer: um Einstellungsstabilität.

Jede kann sich sagen: *Ich schaffe das!* Aber diese Einstellung stabil zu halten, ihr treu zu bleiben, sie weiter zu spüren, wenn alle um mich herum etwas anderes andeuten oder behaupten — darauf kommt es an im Interview und im Leben. Dabei sind Frauen benachteiligt. Die Reaktion des typischen Mannes (sofern es ihn gibt) ist: *Pah! Die Pfeifen haben doch keine Ahnung!* Die Reaktion der »typischen« Frau ist: *Oje, vielleicht haben die recht und mit mir stimmt wirklich was nicht!* Dafür können wir nichts! So wurden viele von uns sozialisiert: *Hör auf andere! Orientiere dich an deiner Familie, deinen Freundinnen, deiner Peergroup! Sei ein braves Mädchen! Wenn der da etwas Böses sagt, ist bestimmt was dran!* Diese Einstellung mag ja in bestimmten Situationen die Harmonie wahren, aber im Bewerbungsgespräch (wie auch in vielen täglichen Situationen) ist sie wie ein Eigentor.

Das ist einer der Punkte, an denen wir von Männern lernen können und sollten — oder von sechsjährigen, sommersprossigen, rothaarigen Mädchen: Trotz. Trotz ist eine absolut geniale Support-Attitude, eine einstellungsunterstützende Einstellung, eine Einstellung zur Einstellung. Ich weiß, ein Teil unserer Erziehung besteht darin, uns den Trotz abzugewöhnen, immer schön vernünftig und angepasst zu sein. Immer? Bullshit! Eine kluge Frau weiß, wann sie wie ein sechsjähriger Trotzkopf zu denken und zu fühlen und wie eine Lady zu sprechen hat: »Tut mir leid, Sie können es ruhig noch eine Weile probieren — aber ich bleibe bei meiner Meinung.« Es ist gut, eine Einstellung zu haben. Es ist besser, ihr auf Biegen und Brechen treu zu bleiben. Natürlich können wir sie ändern, wenn wir wollen — aber nicht, weil uns jemand angreift! Überlegen Sie mal: Würden Sie eine Bewerberin einstellen, die sich bereits im Interview den Schneid abkaufen lässt?

ARBEITSHILFE ONLINE

> **Übung**
>
> Kultivieren Sie Ihren Trotz. Üben Sie ihn im Alltag zusammen mit einer nicht trotzigen Ausdrucksweise. Sie können das wie immer nach Gusto entweder Do-it-yourself trainieren oder mit Unterstützung unserer siebten Arbeitshilfe.

Natürlich muss frau sich sicher sein, dass der Trotz gerechtfertigt ist. Für den Satz: *Ich bin okay und hab was auf dem Kasten!* ist er immer gerechtfertigt. Aber was ist, wenn der Interviewer Ihnen tatsächlich einen Denkfehler oder eine faktische Lücke in Ihrer Qualifikation nachweist? Dann zeigt sich die fortgeschrittene, abgeklärte und durch nichts zu erschütternde Frau.

> **! Achtung**
>
> Einstellungen sind wichtiger als Tatsachen (sagte der Psychiater Dr. Karl Menninger). Wenn Sie Ihrer Einstellung trotz Gegenwind treu bleiben, kann das in bestimmten Situationen Realitätsverlust, in anderen Situationen jedoch Selbstbewusstsein und Durchsetzungsfähigkeit bedeuten. In welcher Situation Sie sich aktuell befinden, entscheiden Sie.

Wenn ich denke, ich kann fliegen, und lande beim Sprung von der Bettkante auf der Nase, leide ich unter Realitätsverlust. Das ist eine Situation. Eine völlig andere ist das Bewerbungsgespräch, in dem mir der Interviewer einen beruflichen Fehler oder einen Qualifikationsmangel nachweist. Wenn ich dann und daher meine Einstellung: *Ich kann das, ich will das!* aufgebe, enttäusche ich alle drei: den Interviewer, der mit hoher Wahrscheinlichkeit bloß meine Standfestigkeit testen möchte, mich selbst und die Erfordernisse der Situation. Angesichts widersprüchlicher Tatsachen bei einer sinnvollen Einstellung zu bleiben, nennt man und frau auch Charakterstärke, Standfestigkeit, Stehvermögen, Beharrungsvermögen oder schlicht Dickköpfigkeit. Seien Sie so im Bewerbungsgespräch.

Kleidung, Make-up, Accessoires

Die Mitbegründerin einer privaten Berliner Hochschule ist bekannt dafür, dass sie Business-Termine gerne in High Heels und rotem Catwalk-Kleid wahrnimmt. Sie sagt: »Die High Heels trage ich, weil ich dann auf die Jungs herabschauen kann — und das kommt auf beiden Seiten gut an.« Merke:

Wer seinen eigenen Stil im Business trägt, braucht die passende Einstellung dazu. Also nicht, wie eine junge Büroangestellte mal sagte: »Wie ich mich kleide, ist meine Privatsache und geht den Chef nichts an!« Das ist erstens arbeitsrechtlich falsch, zweitens unsouverän und passiv-aggressiv. Besser machte es die Bewerberin, die sich im Chanel-Kostüm vorstellte und auf die absolut zu erwartende Stichelei des Fachvorgesetzten in spe sagte: »Ich manage wie ein Mann, ich trinke und fluche wie ein Mann und ich kleide mich wie eine Frau.« Stark. Und so wirkte das auch.

Aber ich kaufe mir für das Bewerbungsgespräch nichts Neues!

Natürlich nicht – es sei denn, Sie haben Lust dazu. Aber das muss nicht sein. Es findet sich immer etwas klassisch Geschnittenes, Gedecktes im Schrank. Es sei denn, Sie stellen sich in einer Boutique vor ... Und dass Sie die zu erwartende Kleiderordnung von Branche und Firma berücksichtigen, ist auch selbstverständlich: noch ein wenig konservativer für eine Bank, noch ein wenig eleganter fürs Modeunternehmen, noch ein wenig unauffälliger für Innendienst, IT und Buchhaltung ... und so weiter. Eine Bau-Ingenieurin kam mal tatsächlich mit einem zerkratzten Bauhelm (mit Namensschild!) unterm Arm zur Vorstellung und entschuldigte sich: »Komme grad eilig von der Baustelle meines Onkels.« Das war leicht geflunkert (sie war am Vortag auf der Baustelle). Aber es war tadellos inszeniert – und wirkte. Und darauf kommt es an: Es geht nicht so sehr darum, dass Sie »das Passende« anziehen, sondern viel stärker darum, welche Wirkung Sie erzielen möchten. Es ist immer dieselbe. Sie wollen souverän, stark und sympathisch wirken. Wobei Sympathie immer dann entsteht, wenn andere denken: *Das ist eine von uns!*

> **Tipp**
>
> »Gepflegt« und »sauber« sind die maßgeblichen zwei Stichwörter für die Wahl Ihrer Kleidung. Das bedeutet auch: Was zehn Jahre alt ist und noch gut in Schuss, geht trotzdem nicht.

Von allem anderen: nicht zu viel!

Nicht zu viel Accessoires, Make-up, Parfüm und Schmuck. Viel wichtiger als das, was Sie anziehen, ist, dass Sie auf den ersten Anblick erkennen lassen, dass Sie den Anlass ernst nehmen. Oder wie eine Stylistin sagt: »Ihr Gegenüber sollte auf den ersten Blick erkennen, dass Sie nicht vom Bäcker, von der Baustelle oder vom Hausputz kommen.« Das ist keine Frage der Mode oder des persönlichen Stils, sondern eine Frage von Anstand und Respekt für das Gegenüber. Die Botschaft, die Sie vermitteln wollen, ist: *Ich bin mir des Anlasses bewusst!* Manche vermitteln mit voller Absicht: *Das ist mein Style und den hast du gefälligst zu akzeptieren!* Wer die Konfrontation liebt, dem sei sie gegönnt. Aber dann geht frau nicht hin, um sich zu bewerben. Sie sucht keinen Job, sondern Selbstbestätigung — und bekommt meist beides nicht. Nicht wegen der Kleidung, sondern weil Konfrontation bei jedem ersten Kontakt zweier Menschen selten für Harmonie und Sympathie sorgt.

Gedecktes steht mir überhaupt nicht!
Ich bin eher der Typ für etwas mehr Farbe! Wunderbar. Auch hier geht es nicht um eine Stilfrage, sondern um einen Ausgleich zwischen Authentizität und Anpassung. Viele starke Frauen wollen sich partout nicht unterordnen — und werden bei der Kleidungswahl dann leicht extrem, anstatt einen gesunden Kompromiss zu suchen, zum Beispiel: *Ich trag das Kostüm in der Bank — aber mit einem bunten Designer-Schal.*

Eine Mutter, selbst Stilberaterin und versiert in der Farbenlehre, erzählt: »Meine Tochter kam zu mir in einer pechschwarzen Bluse und fragte mich, ob das so ginge zum Vorstellungsgespräch. Ich sagte zu ihr: ›Unmöglich. Auf Schwarz reagieren viele Menschen negativ. Manche denken, du bist ein Goth oder Grufti. Andere assoziieren es mit Beerdigung.‹« Darauf die Tochter: »Aber das ist mein Lieblingsteil! Das ziehe ich immer zu so etwas an!« — »Wenn das so ist, wozu fragst du mich dann?«, meinte die Mutter etwas pikiert. Eben drum: um bestätigt zu werden. Ein Dilemma?

Nein. Wer eine Bluse braucht, um sich stark zu fühlen, sollte kurzfristig auf die Bluse setzen und die negativen Reaktionen der Umwelt billigend in Kauf nehmen. Ein starker Auftritt dank/trotz unpassender Kleidung ist besser als ein schwacher Auftritt, weil man sich in ungewohnter Kleidung unwohl fühlt. Doch langfristig sollte frau ihr Selbstwertgefühl nicht von einem Stück Stoff abhängig machen, sondern ein Selbstbewusstsein von innen heraus aufbauen (siehe Kapitel 1 und 2). Es ist gänzlich überflüssig zu sagen, dass Mode- und Kosmetikindustrie jährlich Milliarden in Werbung investieren, um uns das auszureden und zu suggerieren: Kleider machen Leute! Und mit dem richtigen Kajal wird jede Frau sofort vom Fleck weg ein Star und überall eingestellt. Glauben Sie das?

Aber das Outfit habe ich mir extra von meiner Schwester geliehen!
Sie ist erfolgreiche Managerin, hat dieselbe Größe und den Schrank voller gehobener Businesskleidung. Was sie nicht ist: derselbe Typ wie Sie. Grob gesagt: Ihnen stehen die geliehenen Klamotten nicht! Es heißt zwar, Kleider machen Leute, aber frau muss sie auch tragen können. Mit der Kleidung sollten Sie auch das Rollenbewusstsein leben können, für das die Kleidung steht. Wer das nicht kann oder möchte, sollte lieber seinen eigenen Stil dem Anlass anpassen.

> **Tipp** !
>
> Und weil ich weiß, dass man fünf Bücher über das Thema schreiben kann und immer noch böse Stilpatzer beim Interview erleben muss, ein abschließender Tipp: Beschreiben oder zeigen Sie die Kleidung, die Sie beim Interview tragen möchten, einer Frau, die sich mit Mode auskennt, selbst im Beruf steht und ohne Spott und Häme Feedback geben kann. Sicher ist sicher. Und jetzt zum Eigentlichen, zum Gespräch.

Der erste Eindruck

Es gibt keine zweite Chance für den ersten Eindruck! Solche Sprüche kennt jede — und nestelt vor der entscheidenden ersten Begegnung nervös an Kleidung und Frisur herum. Das sind gleich zwei Irrtümer. Zum einen: Solche Sprüche sollte man schnell vergessen, denn sie machen nur nervös. Zum zweiten: Wie Ihr erster Eindruck auf andere ausfällt, hängt weniger von Frisur und Kleidung ab und sehr viel stärker von Ihrer Höflichkeit, Rapport-Kompetenz und Smalltalk-Fähigkeit. Huch, was ist das denn?

Der Reihe nach. Stellen Sie sich vor, die Sekretärin im Vorzimmer sagt: »Sie können jetzt reingehen!« Die Tür öffnet sich und der Personalleiter oder zuständige Fachabteilungsleiter macht einen Schritt heraus auf Sie zu — jetzt kommt der erste Eindruck. Für diesen sind eben nicht, wie die Beauty-Magazine suggerieren, Aussehen, Frisur und Kleidung maßgeblich. Sondern das, was Sie in dieser Situation tun.

Sie wären, wie es die meisten Personalverantwortlichen auch sind, erschüttert, wenn Sie wüssten, wie viele Bewerberinnen dem Blickkontakt ausweichen und grußlos (!) keine Miene verziehen. Daher: Blickkontakt herstellen, freundlich lächeln, klar, mit Namen und ggf. Titel laut grüßen und einen festen Händedruck anbieten. Das ist einfach? Ja, wird aber nicht gemacht.

Neulich sagte mir eine junge Bewerberin: »Bei Bewerbungsgesprächen gibt man sich heute nicht mehr die Hand.« Das hatte sie im Internet gelesen. Ich wusste das noch nicht. Ehrlich. Der Handschlag ist abgeschafft. Soso. Während ich noch darüber nachdachte, sagte eine andere Bewerberin aus der Runde: »Wie toll! Dann gebe ich ab sofort ganz bewusst die Hand. Damit erreiche ich sicherlich eine positive Wirkung beim wichtigen ersten Eindruck!«

Als wir uns verabschiedeten, erkannte ich, warum die erste Bewerberin nicht die Hand schütteln möchte. Sie hat einen Händedruck Marke kalter, toter Fisch. Sie reichte uns nicht ihre Hand zum Gruß, sondern lediglich ihre Finger, die kalt und ohne Muskelspannung waren. Laienhaft gesagt: Sie leidet wie viele Frauen unter einer mentalen Kontaktallergie (auch Monk-Effekt genannt). Dann allerdings sollte man sich nicht auf obskure Internetquellen berufen, sondern ein Substitut, eine Ersatzgeste einüben; zum Beispiel die knappe, angedeutete Verbeugung mit freundlichem Lächeln und Armen neben dem Körper. Das versteht jede(r) als Gruß. Reicht der Personalverantwortliche einem die Hand, hilft alles nichts: Ihr Händedruck sollte kräftig sein. Das können übrigens auch Männer nicht von Geburt an. Diejenigen, die das gut können, sagen: »Das habe ich mir auch angewöhnen müssen — weil es so wichtig ist.« Soweit zur ersten Komponente des positiven ersten Eindrucks: Höflichkeit. Kommen wir nun zur zweiten: Rapport-Fähigkeit.

Stellen Sie Rapport her

Rapport (französisch ausgesprochen: »Rapoohr«) bezeichnet die Fähigkeit, einen Draht zum Gegenüber herzustellen, auf die gleiche Wellenlänge zu gehen. Wenn Ihnen ein fröhlich gelaunter Abteilungsleiter die Hand bietet, können Sie nicht eine moralinsaure Miene machen — Sie lächeln ebenfalls, hoffentlich fröhlich und spontan. Sie »spiegeln« ihn. Meist machen wir das unbewusst und automatisch, dafür sorgen die sogenannten Spiegelneuronen im Gehirn. Deshalb gähnen wir meist, wenn andere gähnen. Unter Stress funktioniert dieser Reflex jedoch oft nicht. Deshalb sollten Sie bewusst daran denken: Spiegeln Sie! Und stellen Sie Rapport her!

Dazu zählen auch die ersten 60 Sekunden Smalltalk, die fast unvermeidlich sind. Da sollte frau mitreden können. Also nicht:
»Fürchterliches Wetter heute.«
»Ja.«
»Ich habe ja nichts gegen Regen, aber seit drei geschlagenen Tagen?«
»...«

Kein 150-Euro-Parfüm kann da den spontanen Eindruck des Interviewers verhindern: *Herrjeh, was ist denn mit der bloß los? Hat sie ihre Zunge verschluckt?* Viele Bewerberinnen vergessen, dass die Rapport-Pflicht auch nach dem ersten Eindruck gilt. Viele betätigen sich im Gespräch als unfreiwillige Rapport-Brecherinnen. Der Personalleiter sagt zum Beispiel: »Besonders stolz sind wir auf unser Traineeprogramm.« Und die Bewerberin sagt daraufhin: nichts. Schlimmer geht es nicht.

> **! Tipp**
> Viele Interviewer betreiben schamlos Fishing for Compliments. Hängen Sie ihnen einen dicken Fisch an den Haken.

Natürlich haben Sie keine Ahnung, warum man nun ausgerechnet auf das Traineeprogramm dieser Firma stolz sein sollte. Aber Sie sagen nichtsdestotrotz mit Verve: »Ja, davon habe ich auch schon gehört. Nicht viele Firmen bieten so etwas an.« Preist der Interviewer dagegen zehn Minuten ununterbrochen lediglich seine Firma und seine Verdienste, gehen Sie höflich, aber bestimmt mit Ihren vorbereiteten Fragen dazwischen. Schließlich sind Sie hier, um herauszufinden, ob der Job zu Ihnen passt. Das gilt auch, wenn Sie einen Interviewer erwischen, der noch nervöser ist als Sie, weil er zum Beispiel selten solche Gespräche führt und auch nicht geschult wurde: Übernehmen Sie zeitweilig oder komplett die Gesprächsführung. Höflich, freundlich, aber bestimmt. Das ist das eine.

Das andere könnte sein: Wenn Sie seine Nervosität nervös macht, überlegen Sie, wie Sie ihn vom Baum wieder runterkriegen. Nicht mit Beruhigen und Gut-Zureden. Das ginge nach hinten los. Sondern mit Lob und Komplimenten: »Einen tollen Neubau haben Sie da auf die grüne Wiese gestellt!« Das wirkt. Immer. Es hängt lediglich von der Dosis ab. Portionieren Sie nach Bedarf. Und nehmen Sie Abschied von der Vorstellung, dass der Interviewer das Gespräch führt und Sie nur brav antworten sollen. Nein, reden Sie mit! Wenn der Interviewer nicht damit zurechtkommt, ist das irrelevant, sofern es sich um einen Personaler handelt. Denn ihn treffen Sie nach Ihrer Einstellung nur noch selten. Ist es dagegen ein Fachvorgesetzter, dann Vorsicht: Er führt autokratisch. Sowohl das Gespräch und bei etwaiger Einstellung auch Sie als Mitarbeiterin — und das behagt souveränen Frauen eher selten.

Marottenfrei

Eigentlich sollten Sie sich schon bei der Vorbereitung (siehe Kapitel 4) etwaige Marotten abgewöhnt haben. Weil solche Angewohnheiten jedoch sehr hartnäckig sein können, gestatten Sie mir hier einige Worte dazu: Wir alle haben Marotten. Ich auch.

Ich versuche lediglich, auf sie zu achten. Das reicht oft schon, um sie einzudämmen. Viele Frauen, die viel reden, reden, wenn sie unter Stress stehen, noch mehr und noch schneller. Damit wollen sie unterbewusst ihre Unsicherheit kaschieren. Leider funktioniert das nicht. Das merkt frau aber meist erst hinterher. Wenn Sie also zum Stakkato-Takt tendieren, sobald es stressig wird: Üben Sie potenzielle Antworten so lange »trocken«, bis Sie sich im Sinne des Wortes bremsen können und wieder unter Kontrolle haben.

Dasselbe gilt für Füllwörter wie »tja«, »äh«, »hm«, »also«, »sozusagen«, »eigentlich«, »tatsächlich«, »naja«, »konkret« ... Insbesondere junge Bewerberinnen versichern mir oft: »Ich habe keine Marotten!« Weil ich die Fruchtlosigkeit der Diskussion solcher märchenhafter Behauptungen kenne, erwidere ich dann meist: »Fragen Sie drei Personen Ihres Vertrauens, ob sie auch dieser Meinung sind.« Danach üben Sie zu sprechen, ohne Ihre unbewussten Lieblingsfloskeln zu benutzen.

Erfolgreiche Frauen haben oft welche Marotte? Sie fallen dem Gegenüber ins Wort oder korrigieren ihn/sie. Weil sie es oft dank ihrer Erfolge und Erfahrung tatsächlich besser wissen. Das kann frau ganz bewusst machen. Wenn sie es unbewusst macht, wird es zur Marotte und erschlägt das Gegenüber.

Was, schätzen Sie, ist die häufigste weibliche Marotte der Stimmführung bei jungen Bewerberinnen? Natürlich: zu leise, zu undeutlich. Das löst immer die Reaktion aus: *Herrjeh, ist die schüchtern!* Dieser Eindruck hilft niemandem. Manchmal dauert es Tage der Übung, bis sich eine stressschüchterne Frau angewöhnen kann, auch bei Belastung mit lauter, klarer Stimme zu sprechen. Doch das Training lohnt sich immer.

Was ist die häufigste mimische Marotte vor allem bei jungen Frauen, aber auch bei vielen älteren? Die Ausdruckslosigkeit. Sie erzählt von nachweisbaren Erfolgen in ihrem aktuellen Job — verzieht jedoch keine Miene. Da unser Gehirn denkt: *Wenn Körpersprache und gesprochene Sprache sich widersprechen, sagt der Körper immer die Wahrheit*, provoziert dieser Widerspruch beim Gegenüber die Wirkung: *Da stimmt was nicht!* Oder gar: *Die lügt doch!*

Eine andere mimische Marotte tritt bei Männern so gut wie nie auf. Aber häufig bei Frauen: das überzogene Krampflächeln. Manche lächeln tatsächlich 30 Minuten lang während des kompletten Bewerbungsgesprächs. Sie merken das nicht einmal, weil es sich um ein sogenanntes habituiertes Lächeln handelt, eine unbewusste Angewohnheit. Dahinter steckt das in grauer Vorzeit überlebenswichtige Motiv: *Bitte hab mich lieb! Greif mich nicht an! Finde mich sympathisch!* Mein Rat, wenn Sie unter Stress zur Dauergrinserin werden: Achten Sie bewusst darauf und bringen Sie deutlich mehr Leben in Ihre Mimik.

Die Bewerberin von heute traut sich was

Als Beispiel dafür, dass auch Männer im Bewerbungsgespräch oft hart angegangen werden, erzähle ich Ihnen eine Anekdote, die mir ein Manager verriet. Er saß im Interview, ihm gegenüber der Personalchef und sein Fachvorgesetzter in spe, der Entwicklungsleiter. Als der Personalchef die Frage nach der Elternzeit stellte, grätschte der Entwicklungsleiter dazwischen, noch ehe

5 Die Bewerberin von heute traut sich was

der Bewerber antworten konnte: »Wenn ein Mann Elternzeit beantragt, den würde ich sofort entlassen!« Bewerber und Personalchef waren peinlich berührt. Der Bewerber gab ausweichend Antwort — und wurde eingestellt. Zwei Jahre später nahm er Elternzeit. Warum? Er sagte: »Der Entwicklungschef ist nicht derjenige, der über Entlassungen entscheidet. Ich lass mir doch nicht von einem fremden Menschen meine Familienplanung diktieren!« Das ist aber ganz schön mutig? Wie es scheint, bringen viele Bewerber und Bewerberinnen heute diesen Mut zum Vorstellungsgespräch mit.

Das bestätigen mir Personalverantwortliche, wenn sie sagen: »Die Bewerber und Bewerberinnen von heute sind ganz anders drauf als früher. Viele kann man nicht mehr mit einer Führungsposition locken. Die wollen sich den Stress der Mitarbeiterverantwortung nicht antun. Denen sind Firmenwagen und Eckbüro egal. Die wollen eine interessante Aufgabe, viel Familie und die Welt ein wenig besser machen.«

Ein Personalleiter erzählte verschämt, dass ihn eine Bewerberin nach den Arbeitszeitmodellen der Firma fragte.
Er: »Bei uns können Sie 35 Überstunden pro Monat ansammeln!«
Sie: »Ich meinte eigentlich: Was ist mit flexiblen Arbeitszeiten oder Arbeitszeitkonten? Was, wenn ich nur vier Tage die Woche arbeiten möchte oder zwei Tage im Home-Office?«

Der Personalleiter war geplättet. So etwas hatten sie nicht im Angebot — vor einigen Monaten. Heute schon. Denn damals haben einfach zu viele Bewerber abgesagt, weil sie andere Ansprüche an die Arbeitszeitgestaltung hatten. Was sind Ihre Ansprüche? Bringen Sie sie an! Reden kann und sollte man immer darüber!

Man sollte? Nein: Frau muss. Im dritten Vorstellungsgespräch, als nur noch zwei Bewerber im Feld waren, sagte zum Beispiel ein Personalchef zu beiden Bewerbern (natürlich getrennt): »In Ihrer Position sieht unser Gehaltsrahmen leider nur drei von der Firma bezahlte Schulungstage vor. Um jedoch Ihre Entwicklungsziele zu erreichen, brauchen Sie sechs.« Die Bewerberin sagte: »Kein Problem. Bei dem Gehalt kann ich drei Tage auch aus eigener Tasche bezahlen.« Warum sagte sie das? Weil sie nicht als gierig gelten, Harmonie wahren und die Firma schonen wollte. Kurz: Weil sie eine Frau ist.

Was erwiderte der Bewerber auf dieselbe Ankündigung? Er sagte: »Das geht in Ordnung, aber dafür bezahlen Sie mir alle zwei Jahre ein neues Notebook oder beteiligen sich zumindest daran und halten das bitte im Arbeitsvertrag fest.« Frage: Wer bekam den Job? Natürlich der Bewerber. Aber warum? Weil seine Forderung, Begehrlichkeit, Eitelkeit — wie immer Sie es auch nennen wollen — ihm nicht als Begehrlichkeit oder Eitelkeit ausgelegt wurden, sondern als Charakterstärke, Engagement, Motivation und Überzeugungsstärke. Der Bewerberin wurde (stillschweigend) vorgeworfen, sie sei nicht motiviert genug für den Job. Weil sie sich nicht wehrte. Natürlich sagte ihr das niemand offen, weil alle Angst haben wegen des Antidiskriminierungsgesetzes. Sie weiß es bis heute nicht. Und wundert sich, warum sie immer eingeladen wird, aber nie den Job bekommt. So grausam kann die Welt sein. Wenn frau ihre Spielregeln nicht kennt.

> **! Tipp**
>
> Die Spielregel lautet: Wer fordert, zeigt nicht Unverschämtheit, sondern Interesse, Commitment, Engagement und Motivation.

Gespräch? Stresstest!

»Warum haben Sie zwei Jahre im Marketing gearbeitet? Marketing ist doch bloß ein unnötiger Kostentreiber!« Wie bitte? Der Interviewer macht Ihre Berufswahl schlecht. Unerhört!

Viele Bewerberinnen fassen diese Art von Nachhaken im Gespräch als persönlichen Angriff auf. Das ist es nicht. Es ist ein offensives Dialogangebot. Ihr Gegenüber möchte wissen, ob Sie einstecken und austeilen können. Ob Sie unter Druck argumentieren können und die Ruhe behalten — oder die Zicke und Kampfemanze sind, die viele Männer hinter selbstbewusst auftretenden Bewerberinnen vermuten. Deshalb ist es auch (fast) egal, was Sie sagen. Viel wichtiger ist, wie Sie es sagen: Immer schön souverän bleiben!

Sie könnten zum Beispiel sagen: »Ja, das dachte ich nach zwei Jahren auch — was meinen Sie, warum ich jetzt hier bei Ihnen bin?« Oder genauso gut das Gegenteil: »Ich habe in den beiden Jahren im Marketing gelernt, wie wirkungsvolle Kommunikation funktioniert. Ich denke mal, das ist auch in Ihrem Unternehmen wichtig.« Die Inhalte sind konträr, aber der Ausdruck ist derselbe: souverän. Das sind Sie aber nicht?

Nicht aus dem Stegreif. Deshalb ist es ratsam, solche souveränen Antworten vorher zu üben (siehe Kapitel 4). Das gilt vor allem für die eigenen Stressauslöser, die Sie nur zu gut kennen. Welche Knöpfe muss man bei Ihnen drücken, um Sie ganz schnell auf hundert und die Palme hoch oder aus dem Takt zu bringen? Sie dürfen dazu ruhig auch beste Freunde und Freundinnen, Familie und Verwandte fragen. Trainieren Sie insbesondere die für Sie typischen Stressfragen.

Der Eindruck, den Sie wecken und hinterlassen möchten, ist und bleibt dabei immer derselbe: fachlich kompetent und menschlich umgänglich, argumentationsfreudig, kann einstecken, austeilen und mitreden, kann sich ausdrücken und ist belastbar. Das Bewerbungsgespräch ist nämlich auch ein Stresstest. Und deshalb fragen viele Interviewer: »Na, sind Sie nervös?« — Die Antwort »Überhaupt nicht!« ist unglaubwürdig und auch ein wenig respektlos gegenüber dem Interviewer, der schon ein wenig Aufregung erwartet (denn die macht ihn wichtiger). Also sagt frau: »Dem Anlass angemessen.« Oder etwas Vergleichbares.

Das ist auch so eine implizite Gesprächsregel: Niemals eine Antwort schuldig bleiben! Aber das wussten Sie, oder? Auf die Frage, ob sie nervös sei, antwortete ein Bewerberin einmal: »Ein wenig. Und Sie?« Das war der erste Lacher. Es wurde ein gutes Gespräch. Auch das ist ein Eindruck, den Sie hinterlassen wollen. Denn je wohler sich die Interviewer mit Ihnen fühlen, desto eher kriegen Sie den Zuschlag.

Das sollte nicht sein? Interviewer sollten streng nach fachlicher Kompetenz beurteilen? Dass sie es weitgehend nicht tun, ist ein offenes Geheimnis und wird auch unumwunden zugegeben; meist mit der Begründung: *Er/sie muss zwar fachlich kompetent sein, aber vor allem zum Team passen!* Und wie stellt so ein Interviewer Teameignung fest? Eben durch den Wohlfühlfaktor, den Sympathiewert. Oder wie die Engländer sagen: »People that are like each other, like each other.« Was sich ähnelt, das mag sich. Also gehen Sie möglichst wenig auf Kontra und spiegeln Sie Ihr Gegenüber, so oft es eben geht. Und ja: Auch das kann und sollte frau in Simulationsgesprächen üben.

Männern fällt das deutlich schwerer. Denn sie geben in Alltags-, Familien-, Beziehungs- und Arbeitsplatzgesprächen oft automatisch und kategorisch Kontra: »Dass wir Projekt X bekommen haben, ist ein schöner Erfolg!« — »Ja, aber zu welcher Budgetsumme? Das sind doch Peanuts!« Im Bewerbungsgespräch wirkt so eine habituierte Abwertung des Gegenübers noch viel schlechter als im Alltag.

Eine beliebte Stresstest-Provokation ist es, eine Lücke im Lebenslauf oder einen Qualifikationsmangel anzusprechen. Oft reicht auch schon ein heikles Thema. Was machen viele Bewerberinnen? Das, was sie im Alltag automatisch machen: Sie erklären lang und breit, warum es so ist, wie es ist. Wie kommt das an? Schwach. Wie eine Rechtfertigung, Entschuldigung. Oder wie die Franzosen sagen: »Qui s'excuse, s'accuse.« *Wer sich entschuldigt, klagt sich an.* Daher haben Sie zuvor so ausführlich geübt und sich vorbereitet (in Kapitel 4): Je heikler es wird, desto knapper und präziser sollten Sie antworten. Zwei, drei Sätze — alles darüber hinaus wirkt unglaubwürdig und schwach. Und niemals defensiv werden à la: »So ist das halt, ich weiß nicht, was Sie wollen!« Damit sind Sie so gut wie durchgefallen. Sondern immer souverän: »Ja, so war das damals. Sie können mir glauben, dass ich heute schlauer bin.«

Ein ziemlich fieser Trick beruht genau auf dem Gegenteil: Das Gegenüber bemerkt, dass Sie besonders gerne über Thema X sprechen, und fragt ganz unschuldig nach — und Sie werden so richtig ausführlich, weil Sie froh sind, dass Sie endlich glänzen können. Und so halten Sie spontan ein Zehn-Minuten-Referat! Böser Fehler. Niemals den Interviewer langweilen! Die kurze Antwort ist die bessere Antwort. Will er mehr wissen, soll er gefälligst nachfragen.

Eine Personalleiterin erzählte mir, dass sie mit einer einzigen Frage die Gruppe der Bewerber und Bewerberinnen von acht (nach der Vorauswahl der schriftlichen Unterlagen) auf zwei reduzierte. Alle KandidatInnen hatten vergleichbare fachliche Qualifikationen. Deshalb stellte sie in den acht Interviews ganz zu Beginn die einfache Frage: »Erzählen Sie mal ein wenig, warum Sie für den Posten besonders geeignet sind!« Es ging um die Position des Geschäftsführers. Sechs der KandidatInnen stotterten herum oder erzählten wirres Zeug. Die Personalchefin sagt: »Die wollten einmal in ihrem Leben Geschäftsführer sein! Die wollten die geile Position! Die waren so von der Intensität ihres Wunsches und dem Glanz der Position eingenommen, dass sie nicht daran dachten, sich anständig vorzubereiten.« Und das waren alles AbteilungsleiterInnen oder mehr. Das war ihr Fehler. Sie dachten: *Mit meinem Lebenslauf und meiner derzeitigen Position sieht ja wohl jeder, dass ich für diesen Job geeignet bin!*

Nein, das sieht man nicht, das will man hören.

Sexismus und Überforderung

Es kommt immer wieder vor, dass Interviewer sich über Recht, Gesetz und Anstand hinwegsetzen und sexistisch werden. Hier Beispiele aus der Praxis:
- Wie wollen Sie einen Haufen gestandener Ingenieure führen?
- Ich würde ja heute auch gerne über Auslandsaufenthalte mit Ihnen reden, aber mit Frauen ist so etwas ja immer schwierig wegen Partner, Familie und Kindern …
- Ich rede heute nur mit Ihnen, weil unser Vorstand etwas für die Frauenquote tun will. Ich persönlich finde ja, der Job ist nichts für eine Frau.

Nach so einer Ansage ist frau natürlich erst mal geplättet. Aber auch nur dann, wenn Sie nicht damit rechnen. Rechnen Sie damit! Wenn keine Attacke kommt — umso besser!

Viele Frauen berichten nach einem Bewerbungsgespräch auch von etwas, das eine kecke Bewerberin einmal als »Coitus interruptus« bezeichnete: »Es lief eigentlich ganz gut, da wollte der Fachbereichsleiter wissen, ob ich mir auch die Leitung eines Projekts der digitalen Transformation zutraue. Davon stand nichts in der Stellenanzeige! Natürlich habe ich erst mal gezögert: So etwas habe ich vorher noch nie gemacht!« Ihr Zögern gab den Ausschlag — zugunsten einer anderen Bewerberin, die keine Sekunde zögerte. Das hätte Ursula von der Leyen sein können.

Die aktuelle Verteidigungsministerin sagte auf dem Job-Symposium der Zeitschrift »Brigitte« im Jahr 2016: »Als Angela Merkel mich fragte, ob ich Verteidigungsministerin werden will, habe ich sofort Ja gesagt. Im Auto habe ich dann erst mal ›Verteidigungsministerium‹ gegoogelt.« So macht frau das. Erst zusagen, dann informieren. Nicht, weil Männer das auch so machen — und dann geht es häufig schief, weil sie sich überschätzen. Das tun wir weitaus seltener. Wir unterschätzen uns eher. Und wenn wir eine große Herausforderung annehmen, knien wir uns derartig rein, dass das auch klappt. Wir machen das so oft und so gut, dass wir heiße Anwärterinnen auf einen Burnout sind. Aber das ist ein anderes typisches Frauenthema, das noch viel stärker tabuiert ist als die typisch weibliche Bewerbung. Mal sehen, wie viele Jahre es noch dauert, bis darüber endlich jemand das Schweigen bricht ...

Assessment-Center

Das Assessment-Center, kurz AC, ist praktisch eine Sonderform des Bewerbungsgesprächs. So ein AC gliedert sich in viele Einzelgespräche, Gruppendiskussionen und allerlei Aufgaben, die Sie ganz vorzüglich im Internet nachlesen können — was Sie auf jeden Fall tun sollten, wenn Ihnen ein AC »blüht«. Da über das AC ganze Bücher geschrieben wurden, wollen wir es an dieser Stelle dabei bewenden lassen. Ein Tipp: Empfehlenswert ist zum Beispiel der Ratgeber »Assessment Center: Souverän agieren — gekonnt überzeugen« von Silke Hell (München 2015).

> **Tipp**
> Da das AC meist für hochrangige Positionen eingesetzt wird, können es sich Bewerberinnen meist leisten, für die dezidierte und detaillierte Vorbereitung eigens eine Coachin zu engagieren. Diese Praxis hat sich inzwischen bei höheren Positionen eingebürgert.

Systemischer Support

Bei der Bewerbung erkennen wir wieder einmal, dass Frauen sozialer orientiert sind als Männer. Ein Mann kann sich ohne jedes Wissen seiner Partnerin bewerben, sie nach einer Zusage vor vollendete Tatsachen stellen und das dann noch als wohlgemeinte Überraschung verkaufen: »Schatz, wir ziehen nach Timbuktu! Schon nächsten Monat! Ich habe meinen Traumjob geangelt!« — »Und ich reiche die Scheidung ein.«

Etliche junge Frauen halten es inzwischen auf dieselbe Art und Weise (ob das ein Gewinn ist, weiß ich nicht). Doch insgesamt lässt sich feststellen, dass viele Frauen

- sich oft erst gar nicht bewerben, wenn sie befürchten, unterstellen oder wissen, dass der Partner Probleme macht.
- bei der Bewerbung keinerlei partnerschaftliche oder familiäre Unterstützung erhalten.
- im Gegenteil sogar an der »Heimatfront« für einen neuen Job kämpfen müssen (»Warum bewirbst du dich? Du hast doch einen tollen Job!«).
- selbst nach erfolgreichen Bewerbungsinterviews und sogar nach Jobzusagen wieder absagen, wenn sie glauben oder wissen, dass der neue Job häusliche Probleme bringen könnte.
- attraktive Jobs gar nicht erst in Erwägung ziehen, weil: *Dann kann ich ja Privat- und Familienleben gleich abhaken!*

Viele Frauen finden sich damit ab. Ich nicht. Mich packt in jedem Einzelfall ein heiliger Zorn. Hat eine Frau etwa keine häusliche oder partnerschaftliche Unterstützung verdient, wenn sie sich beruflich verändern möchte? Das war eine rhetorische Frage. Weil es darauf nur eine Antwort gibt.

Ich möchte hier keine Beziehungstipps geben (obwohl die sich im Coaching natürlich nicht vermeiden lassen). Doch wenn Ihr Partner Sie bei der Bewerbung im Allgemeinen und vor dem Bewerbungsgespräch im Besonderen im Stich zu lassen droht: Suchen Sie sich andere Unterstützung in Familie, Bekanntschaft, Freundeskreis oder von professioneller Seite. Es hilft, wenn frau das nicht alleine stemmen muss. Und vergessen Sie nicht so schnell, wer Sie im Stich gelassen hat. Denn wer das einmal macht, der macht das wieder ...

6 Die Gehaltsverhandlung

»Die Freiheit wird einem nicht gegeben, man muss sie sich nehmen.«
Meret Oppenheim

»Unsere größte Feigheit liegt darin, von allen geliebt werden zu wollen.«
Marie von Ebner-Eschenbach

Wie frau sich verdient, was sie verdient

Einige Studien zeigen, dass die Gehaltslücke zwischen den Geschlechtern bereits ganz früh einsetzt. Schon im Vorstellungsgespräch verlangen viele Frauen deutlich weniger Einstiegsgehalt als im Schnitt die Männer. Andere Studien zeigen, dass die Größe dieser Gehaltslücke stark schwankt: Etlichen Frauen fällt es offenbar leicht, so viel zu fordern wie Männer. Wie die »Süddeutsche Zeitung« schrieb, verdient inzwischen auch jede zehnte Frau mehr als ihr Mann. Das ist für die Partnerschaft nach wie vor eine Herausforderung, da sich viele Männer stark über die Rolle des Ernährers definieren.

Auf der andern Seite verdienen viele Frauen eben immer noch nicht das Gehalt, das sie eigentlich verdient haben, sich wünschen oder brauchen. Ihnen wird oft zugerufen: »Nun traut euch doch endlich! Mehr Mut!« Ich glaube, das trifft es nicht. Wenn Frauen weniger fordern, als sie verdienen, liegt das meist nicht am Mut, sondern an guten Gründen:

- Vielen von uns ist Geld tatsächlich nicht so wichtig.
- Viel wichtiger ist uns: *Hauptsache, die Arbeit macht Spaß und die Kollegen sind nett!*
- Oder auch: *Ich muss nicht lange pendeln und habe mehr Zeit für die Familie. Außerdem ist die Arbeit interessant.*
- Häufig wollen wir auch nicht die Firma, also die Gemeinschaft, mit überzogenen Gehaltsforderungen belasten.
- Wir möchten nicht die Wertschätzung des Interviewers riskieren, indem wir unverschämt fordern.
- Wir entwickeln beim Thema Geld nicht wirklich überragenden Ehrgeiz. Es ist für viele Frauen kein derart lebenswichtiges Statussymbol wie für viele Männer.

Das sind alles gute Gründe, beim Gehaltswunsch nicht so viel zu fordern, wie eigentlich drin wäre, wie Männer fordern und/oder wie wir verdient hätten. Doch es gibt ein Problem mit dieser Bescheidenheit.

> **! Achtung**
> Wenn Sie zu wenig fordern, werden Sie nicht für bescheiden gehalten, sondern für (zu) wenig kompetent, engagiert, glaubhaft, überzeugend, interessiert an und motiviert für den Job.

Das ist natürlich reiner Unfug, eine fehlerhafte Schlussfolgerung. Doch Ihr Gegenüber denkt eben spontan und unreflektiert nicht: *Sie möchte die Firma schonen!* Sondern in aller Regel: *Die traut sich aber nicht viel zu! So gut wie sie tut, ist sie wohl doch nicht — sonst würde sie mehr fordern!*

Diese Fehlannahme basiert auf dem Irrtum, dass jemand umso kompetenter ist, je mehr Geld er/sie fordert. Wie gesagt: Das ist eine unzutreffende Annahme. Trotzdem schadet sie Ihnen. Geben Sie ihr keinen Vorschub und sich einen Ruck. Verlangen Sie, was Ihnen zusteht. Fordern Sie das, was Sie fordern würden, wenn Sie Geld ein wenig mehr interessieren würde. Das hört sich einfach an, ist es aber nicht. Viele von uns müssen das erst lernen oder wieder erlernen. Denn eines ist sicher: In der Schule oder im Elternhaus erfahren viele Mädchen nicht, wie frau beziehungsintelligent und doch beharrlich das fordert, was sie sich wünscht.

Fordern lernen

Mir ist Geld nicht so wichtig! Das mag sein und ist gut so — aber bitte fordern Sie trotzdem ein angemessen hohes Gehalt. Eben weil das die Spielregel ist. Wenn Sie dann Ihr gutes Gehalt beziehen, kann es Ihnen ja wieder nicht so wichtig sein — bis zur nächsten Gehaltsverhandlung, die Männer übrigens im Schnitt häufiger und erfolgreicher führen als Frauen.

Meist wird das in vergleichbaren Positionen bezahlte Gehalt im Internet und in anderen Quellen als Intervall angegeben, zum Beispiel: 2.400 bis 3.200 Euro brutto. Was ist dann Ihr Gehaltswunsch? Viele Frauen orientieren sich automatisch, gewohnheitsmäßig und unreflektiert an der unteren Grenze oder tendieren zur Mitte. Tun Sie das nicht! Nehmen Sie die obere Grenze. Das spricht für Ihr Selbstbewusstsein und Ihre Kompetenz. Wenn Ihre Forderung tatsächlich für das betreffende Unternehmen oder die Institution zu hoch ist, können Sie sich immer noch herunterhandeln lassen. Das schadet Ihnen weniger, als wenn Sie zu tief beginnen. Tatsächlich nützt es einer Bewerberin sogar, wenn sie zu viel fordert. Die meisten Interviewer und auch Interviewerinnen denken dann nicht: *Sie ist unverschämt!*, sondern: *Wow, die traut sich was zu! Die muss aber gut sein!* Und tun Sie nicht so, als ob das seltsam wäre! Bei zwei Seidenblusen vermuten wir doch a priori auch die bessere Qualität bei jener mit dem höheren Preis ...

Ich weiß, wenn frau in ihrem Leben bisher selten etwas mit Vehemenz und Insistenz gefordert hat, fällt das schwer. Zuerst noch. Das gibt sich aber mit der Zeit. Also üben Sie es! Üben Sie Fordern. Je öfter Sie das mit allerlei Alltagswünschen trainieren, desto sicherer werden Sie beim Gehaltswunsch. Bis es sich ganz selbstverständlich anfühlt. Und glauben Sie bloß nicht, dass alle Frauen in gehobenen Positionen volle Power fordern können. Das hat nichts mit der Position zu tun.

Aber das Gegenüber bekommt einen Schock, wenn Sie so viel fordern? Nein, kriegt es nicht. Und wenn, dann sagt es das unverblümt: »So viel können wir nicht bezahlen!« Dann lächeln Sie freundlich und sagen: »Aber Sie verstehen schon, dass ich mit meinen Qualifikationen so viel erwarte. Natürlich bedauere ich, wenn es Ihren Gehaltsrahmen sprengt.« Und dann geben Sie nach? Das machen viele und auch das wird Ihnen — Potzblitz! — als Schwäche ausgelegt.

> **Tipp**
>
> Die Spielregel lautet: Wenn man Ihren Gehaltswunsch ablehnt, fordern Sie einen Ausgleich!

Beispiel: »Ich verstehe, dass Sie nicht höher gehen können — aber dann möchte ich einen Assistenten, zumindest einen Teamassistenten, ersatzweise auch drei Hospitanten.« Im Grunde ist es egal, was Sie fordern — Hauptsache, Sie tun es. Daran sieht Ihr Gegenüber, dass Sie nicht klein beigeben, verhandeln können und nach Ihrer Anstellung die Interessen der Firma ebenso verhandlungssicher vertreten werden.

Viele Frauen fordern auch deshalb nicht, was sie gerne fordern würden, was sie verdient haben oder was sie brauchen, weil sie meinen: *Wenn ich allzu forsch fordere, mindere ich meine Aussichten auf Einstellung!* Sie denken meist unbewusst: *Je weniger ich fordere, desto eher stellen sie mich ein!* Das glauben wir umso intensiver, je nötiger wir den Job brauchen oder meinen, ohne ihn nicht auskommen zu können. Trotzdem ist es lediglich eine Vermutung. Befreien Sie sich davon. Gewöhnen Sie sich an den Gedanken, dass es umgekehrt ist: Je mehr Sie fordern, desto begehrter werden Sie.

Verhandeln heißt nicht streiten

Viele von uns spüren eine innere Hemmung, ein ungutes Gefühl dabei, die eigenen Gehalts- und andere Wünsche zu äußern. Wir befürchten meist unreflektiert: *Dann wird es ungemütlich. Dann gibt es Streit.* Also fordern wir entweder von vornherein so wenig, dass gar keine Diskussion aufkommt. Oder wir geben beim ersten Widerspruch sofort nach, um nicht negativ aufzufallen. Doch genau das tun Sie beim Nachgeben. Sie fallen negativ auf.

Das Gegenüber wünscht nicht zuerst und zuvorderst, dass Sie einen Schritt zurückgehen. Es wünscht sich vielmehr eine solide Argumentation und Verhandlung. Stattdessen geben viele Bewerberinnen einfach nach und damit auf! Manche fordern so wenig, *dass das sicher genehmigt wird!* Das ist lieb und nett — aber Ihr Gegenüber erwartet nicht nur lieb und nett, sondern vor allem Motivation und Qualifikation. Oder wie eine amerikanische Bewerberin einmal sagte: »Nice and friendly don't get hired!«

Warum verhandeln viele Frauen nicht oder nicht gerne? Weil sie verhandeln mit streiten verwechseln; also mit Harmoniestörung und Beziehungsbeschädigung. Das ist oft ein leidiges kulturelles Erbe: Wenn frau keine gute Streitkultur erlebt hat, bedeutet für sie beides tatsächlich das Gleiche. Sie kennt es nicht anders. Da kann der Entwicklungsimperativ dann nur lauten: Lerne verhandeln, ohne zu streiten!

Mit der Betonung auf: lernen! Wenn man/frau richtig verhandelt, dann leidet die Beziehung nicht, sondern gewinnt. Das sagen übrigens viele Männer hinterher zu den Frauen, zum Beispiel: »Als Sie darauf bestanden haben, in den Arbeitsvertrag aufzunehmen, dass nach Ende des Kindergartens keine Meetings abgehalten werden dürfen, fand ich das am Anfang bescheuert — aber wie Sie das durchgesetzt haben: Respekt. Sie wissen, wie man Nägel mit Köpfen macht.« Männer murren zwar am Anfang, wenn eine Frau beharrlich bleibt; aber auch das ist oft lediglich ein typisches Zeichen ihrer Bewunderung. Und auch dazu fiel einer Bewerberin ein Spruch ein: »Hunde, die knurren, beißen nicht.«

Doppelt peinlich wird es, wenn frau sich auf einen Job bewirbt, in dem sie verhandeln können muss, aber gleich zu Beginn zeigt, dass sie es weder will noch kann, indem sie die Gehaltsverhandlung vermeidet oder auf Kuschelkurs geht. Ergo: Verhandeln muss sein! Es lohnt sich. Und macht sogar Spaß, wenn man es gut kann oder als Spiel begreift.

Übrigens: Verhandlungsstärke ist eine Fähigkeit, die Sie nicht beim Durchlesen dieser Passage erwerben, sondern in Tagen und Wochen des Übens bei Alltagsgelegenheiten. Wie eine der Übenden einmal scherzte: »Ich hatte die ersten 30 Jahre meines Lebens so viel Angst vor Ablehnung, dass ich beim ersten ernsthaften Widerspruch sofort reflexhaft überreagiert habe. Es hat einige Wochen gedauert, bis ich mir diese Überreaktion abgewöhnt habe.« Aber sie hat sie sich abgewöhnt: Gut gemacht!

Andere Frauen leiden unter dem Gegenteil. Sie sind sofort eingeschnappt, wenn ihr Wunsch abschlägig beschieden wird. Manche fühlen sich derart zurückgewiesen, dass sie einen Kloß im Hals kriegen, nicht mehr richtig reden können, manchmal sogar mit Tränen kämpfen. Ich weiß, das ist peinlich und wird weitgehend tabuiert — aber wir sind hier unter uns und dafür da, diese frauenfeindlichen Tabus zu brechen. Wenn Sie nicht erwachsen und souverän mit Zurückweisung und Verhandlungssituationen umgehen können, gibt es nur drei Lösungen: üben, üben, üben. Eine Laborleiterin in der Kosmetikindustrie sagt: »Ich habe früher so schwach verhandelt, dass sogar meine siebenjährige Tochter mich regelmäßig bei den Fernseh-, Smartphone- und Zubettgehzeiten über den Tisch zog. Also habe ich angefangen, die Streitereien mit ihr als Verhandlungstrainings neu zu begreifen und zu gestalten — und ich wurde mit jeder Auseinandersetzung besser.« Neulich sagte meine Tochter: »Mama, du bist jetzt viel strenger mit mir und hast mich trotzdem lieb. Das finde ich besser als früher.« Wenn sogar Kinder erkennen, dass richtig verhandeln weiterbringt und die Harmonie nicht stört, sondern fördert …

Etliche Bewerberinnen, vor allem für höhere Positionen, sagen: »Im vierten Gespräch waren wir uns dann endlich über alle Modalitäten einig.« Manchmal braucht es so viele Gespräche, bis Einigkeit entsteht. Mit weniger sollte frau sich auch nicht zufriedengeben. Wissen Sie, was erstaunlich oft nach harten Gehaltsverhandlungen passiert? Die Bewerberin wird vom Personalverantwortlichen oder Fachvorgesetzten für ihre Beharrlichkeit gelobt! Eine Bewerberin verriet mir daraufhin: »Das ist ja bestimmt nett gemeint. Aber ich wäre gerne auch mal für meine Leistungen und Qualifikationen anerkannt worden!«

Auch wenn Ihr Gegenüber eine Frau ist: Sie erwartet nicht nur, dass Sie kräftig fordern, sondern dass Sie selbstbewusst und beziehungsbewusst verhandeln. Natürlich gibt es Ausnahmefälle, doch diese werden meist glasklar kommuniziert: »Sie werden verstehen, dass wir auf dieser Position nur streng nach Tarif bezahlen können. Und der ist folgender …!« Aber selbst darauf sollten Sie nicht mit: »Verstehe ich!« reagieren, sondern: »Dafür erwarte ich dann, dass (vier Tage Weiterbildung im Jahr bezahlt werden, alle zwei Jahre Firmenhandy und -Notebook erneuert werden, Fahrtgeldzuschuss bezahlt wird …).« Wer fordert, zeigt Selbstbewusstsein und Engagement. Ich weiß, das ist für viele Frauen und Männer eine seltsame Attribution, eine Zuschreibung. Doch es ist eben das herrschende Verständnis, die Spielregel.

Übung
Fordern und verhandeln Sie! Und üben Sie das! Entweder frei für sich oder mit unserer achten Arbeitshilfe.

ARBEITSHILFE ONLINE

Widersprechen ist nicht Verhandeln

»Das können wir für diese Stelle unmöglich bezahlen!«, kommentiert die Personalchefin den Gehaltswunsch der Bewerberin. Die erwidert: »Da habe ich aber was ganz anderes gehört!« Wie beurteilen Sie die Antwort? Selbstbewusst ist die Bewerberin — oder einfach nur zickig? Das jedenfalls behauptet hinterher die Personalchefin. Hat sie recht? Nein. Die Bewerberin ist keine Zicke, sondern rhetorisch ungeschickt.

> **! Achtung**
>
> Widersprechen Sie nicht! Nicht direkt und nicht nach dem Muster: Du sagst Weiß und ich sag Schwarz! Argumentieren Sie klüger.

Natürlich »zicken« wir jeden Tag zigdutzendfach. Er: »Du hast wieder nicht die Retoure zur Packstation gebracht!« Sie: »Vielleicht könnte sich der feine Herr auch mal dazu bequemen!« Wir kommunizieren häufig konfrontativ. Das spart Zeit und schafft Klarheit. Und Missstimmung. Im Alltag nehmen wir das unreflektiert in Kauf, weil alle so reden. *Ist doch nichts dabei!* Vielleicht nicht im Alltag. Aber im Vorstellungsgespräch auf jeden Fall. Da ist die Sensitivität und Sensibilität auf beiden Seiten höher. Und als einfache Bewerberin einem gestandenen Manager durch direkten Widerspruch zu suggerieren, etwas besser zu wissen, ist Konfrontation pur. Sehr unklug.

Vor allem sehr von sich selbst überzeugte Frauen konfrontieren und eskalieren gerne in ihrem beruflichen Alltag. Insbesondere dann, wenn sie in führender Position arbeiten. Es ist schwer, ihnen verständlich zu machen, dass es sich nicht unbedingt lohnt, es besser zu wissen als der Interviewer. Doch haben sie es einmal erkannt, fallen ihnen oft recht schnell Alternativen ein. Die Bewerberin von eben sagte zum Beispiel: »Ich habe mich bei meinem Gehaltswunsch an Informationen aus Ihrem Unternehmen gehalten. Wir können gerne über deren Wahrheitsgehalt reden, doch größere Abstriche zu machen fiele mir wirklich schwer.« Gute Antwort. Denn danach ist die Personalchefin unter Zugzwang. Sie muss erklären, was es mit der Fehlinformation aus dem Unternehmen auf sich hat und ob sie wirklich den Gehaltswunsch nicht erfüllen möchte.

Die Furcht der Bewerberin vor dem Gehaltswunsch

Welche Rolle Emotionen bei der Gehaltsverhandlung spielen, zeigt das Beispiel von Amyra, einer 37-jährigen Abteilungsleiterin. Sie ist während der zweiten Schwangerschaft freigestellt und soll nach ihrer Rückkehr, so war das abgesprochen, die Bereichsleitung übernehmen. Während ihrer »Babypause« arbeitet sie nebenher für die Kirchengemeinde an einem Projekt auf ihrem Fachgebiet. Als Projektleiterin stünde ihr eine fünfstellige Summe zu, doch aus karitativen Gründen lässt sie sich vom Kirchengemeinderat pauschal mit 7.000 Euro entlohnen. Umgerechnet auf ihre Arbeitsstunden: sieben Euro die Stunde. Ist das nicht nett von ihr?

Und wie! Ihre Befürchtung seitdem beschreibt sie so: »Wenn mein Arbeitgeber das mitkriegt — und das kriegt er mit, der zweite Vorsitzende vom Kirchengemeinderat ist der Chefcontroller von meinem Arbeitgeber —, dann sagt der mir doch sofort, wenn ich wieder zurück bin: ›Wie wir gehört haben, arbeiten Sie auch für fast umsonst. Wenn Sie so billig sind, dann zahlen wir Ihnen natürlich 20.000 Euro weniger als jedem anderen Bereichsleiter!‹« Ihr Baby lässt sie nachts besser schlafen als dieser Gedanke. Sie grübelt täglich stundenlang darüber nach — selbstverständlich »nur« im Hinterkopf, weil sie mit Haushalt, Kirchenprojekt, Mann, Kind, Freundeskreis und sozialem Engagement mehr als gut ausgelastet ist. Trotzdem ist Grübeln der falsche Umgang mit Sorgen.

> **Tipp**
> Grübeln Sie nicht über den Worst Case und andere drohende Katastrophen nach! Antizipieren Sie sie! Spielen Sie sie in allen Details und mit vielen Alternativen durch! So lange, bis Sie eine Handlungsoption finden, die für Sie passt. Und dann üben Sie diese im Geist so lange, bis sie sitzt!

Das ist für viele professionelle Sich-Sorgen-Macherinnen ungewohnt. Auch für Amyra. Also holt sie sich im Coaching etwas Fitnesstraining für ihre Antizipation. Sie hätte das auch mit ihrem Gatten machen können. Natürlich ist uns beiden bewusst, dass kein Vorstand der Welt so unverfroren ist, einer angehenden Bereichsleiterin wegen ihres fast ehrenamtlichen Engagements das Gehalt um 20.000 Euro zu kürzen.

Doch das ist uns eben bewusst — findet also im Großhirn statt. Die Gefühle eines Menschen toben aber im viel älteren Teil unseres Gehirns. Daher helfen vernünftige Gedanken meist nicht wirklich oder nachhaltig. Das Reptilienhirn macht Theater, weil es Theater möchte. Also geben wir es ihm. Wir machen ein Rollenspiel. Ich spiele den Vorstand und drohe Amyra 20.000 Euro Gehaltskürzung an. Und sofort sagt sie: »Unsere Kirchengemeinde ist so gut wie pleite — wollen Sie andeuten, dass es unsere Firma auch ist?« Da müssen wir beide lachen — tolle Antwort. Und nicht von ungefähr: Spielt frau solche heiklen Situationen durch, schaltet sich das Großhirn meist schnell wieder ein und die natürliche weibliche Schlagfertigkeit aktiviert sich wieder. Mit etwas Übung kann frau das dann auch ohne Rollenspiel so machen, rein in Gedanken.

Im Seminar antwortete im selben Rollenspiel eine andere Kandidatin auf die gespielte Unverschämtheit des Vorstands: »Das können Sie nicht machen! Das haben wir vor meiner Babypause ganz anders vereinbart!« Das stimmt. Aber wie hört sich das an? Wie eine Sechsjährige mit Schmollschnute. Defensiv. Passiv-aggressiv. Klein, kindisch, hilflos. Amyra dagegen entwickelt mit ihrer Antwort augenzwinkernde Souveränität. Das ist gut. Eine gute Antwort und die spricht für eine gute Haltung. Letzteres bekommen Sie, wenn Sie Ersteres trainieren.

Wo liegt Ihre Schmerzgrenze?

Manchmal sind Sie so scharf auf einen Job, der wirklich spitze, einzigartig, wunderbar ist, dass Sie bereit sind, beim Gehalt oder bei anderen Konditionen Zugeständnisse zu machen. Vielleicht brauchen Sie den Job auch so dringend, dass ein schlechtes Gehalt besser ist als gar keines. Das ist verständlich und sinnvoll. Ich stelle in solchen Situationen oft fest, dass Frauen es mit den Zugeständnissen übertreiben — sogar gemessen an ihren eigenen Maßstäben.

Lucy zum Beispiel ist total begeistert vom neuen Job in spe und kann gar nicht aufhören, enthusiastisch darüber zu berichten. Nach drei Tagen legt sich die Begeisterung etwas und sie entdeckt: »Wenn ich meine Fahrtkosten und die Kosten für ständig neue repräsentative Klamotten reinrechne, dann verschlechtere ich mich sogar!« Begeisterung ist schön. Aber wenn sie die Fähigkeit stört, eins und eins zusammenzurechnen, sollten wir sie auch mal kurz ausblenden können, um kühl zu kalkulieren — bevor wir zusagen! Das kann Ihnen natürlich alles nicht passieren, wenn Sie schon vor dem Vorstellungsgespräch eine Schmerzgrenze festlegen, bis zu der Sie sich herunterhandeln lassen wollen — und nicht weiter.

> **! Tipp**
>
> Gehen Sie ins Vorstellungsgespräch mit einem Minimumziel (Schmerzgrenze), einem Maximum- und einem Okay-Ziel. Und zwar bezogen aufs Gehalt und jeden anderen Wunsch, der im Gespräch verhandelt wird. Und halten Sie sich an Ihre Zielkorridore!

Wird Ihre Schmerzgrenze unterschritten, können Sie das im Vorstellungsgespräch sagen — wenn die Aussicht darauf besteht, dass Ihr Gegenüber dann höher geht. Ist das nicht (mehr) der Fall, müssen Sie im Gespräch nicht unbedingt artikulieren, dass damit die Verhandlung für Sie gelaufen ist. Sie können auch sagen: »Das möchte ich mir noch einmal in Ruhe durch den Kopf gehen lassen.« Und dann tun Sie das. Viele tun es nicht. Sie sagen vielmehr zu. Weil die Gegenseite kein Kind von Traurigkeit ist, sondern nachhilft. Oft mit Tricks.

Die Tricks der Interviewer

Oftmals vergessen wir, dass in Bewerbungsgesprächen durchaus geschwindelt wird. Auf beiden Seiten. Zu Samantha sagte der Vertriebschef zum Beispiel: »Klar, das ist relativ wenig Gehalt für eine Vertriebsassistentin. Doch spätestens nach 15 Monaten übernehmen Sie ein, zwei Key-Accounts — dann verdoppeln Sie allein mit den laufenden Provisionen Ihr Gehalt!« Wie toll ist das denn?

Zweieinhalb Jahre später wartet Samantha immer noch auf ihren ersten Key-Account. Denn dass eine Assistentin einen Schlüsselkunden betreuen dürfte, ist auch in dieser Branche so, als ob ein Dorfpfarrer auf dem Petersplatz in Rom den Ostersegen erteilen würde. Eher unwahrscheinlich. Das hat man ihr aber nicht gesagt im Bewerbungsgespräch. Sie hat sich mit einer leeren Versprechung ködern lassen.

> **Achtung** !
>
> Lassen Sie sich im Bewerbungsgespräch nicht auf später vertrösten! In keinem relevanten Punkt! Und wenn doch, muss das rein in den Arbeitsvertrag. Denn nur dann ist es verbindlich.

Warum lügen Arbeitgeber in diesem Punkt? Ganz einfach. Weil sie sich denken: *Wenn wir die Wahrheit sagen, kriegen wir überhaupt keine Bewerber oder nicht die Kandidaten, die wir brauchen!*

Gewiefte Interviewer haben auch keinerlei Hemmungen, Sie gegen andere BewerberInnen auszuspielen: »Ich möchte offen zu Ihnen sein: Die Bewerberin, die mit Ihnen in der engeren Wahl ist, liegt mit ihrer Gehaltsforderung (oder jedem anderen Wunsch) deutlich unter Ihren Vorstellungen!« Es hilft dann auch nichts zu sagen: »Sicher hat diese Bewerberin keine ... (irgendeine tolle Qualifikation, die Sie haben)!« Denn daraufhin kann der Trickser trocken kontern: »Doch! Hat sie! Und dazu noch einen MBA von der Cambridge University und einen Nobelpreis in Nuklearmedizin!« Das können Sie ja nicht überprüfen! Da bleibt nur zu sagen: »Dann herzlichen Glückwunsch! Stellen Sie sie ein!« — »Ja, schon, aber wir hätten lieber Sie — wenn Sie bloß nicht so teuer wären!« Damit fliegt das Manöver auf: Es war nur ein Druckmittel, um Sie weichzukochen.

Geben Sie in solchen Situationen dem Trickser den kleinen Finger als Zeichen guten Willens und machen mit den anderen Fingern eine Faust: bis hierher und nicht weiter. Verhandeln Sie beinhart. Wahrscheinlich will Ihr Gegenüber genau das. Das ist wie beim Teppichhändler auf dem orientalischen Bazar: Der ist in seiner Ehre gekränkt, wenn selbst wegen einer Lampe für fünf Euro nicht zehn Minuten wild gestikulierend gefeilscht wird. Das ist ein kindisches Spiel? Mag sein, aber: It's the only game in town! Wenn ein Interviewer mit Ihnen spielen will, spielen Sie mit. Es ist bloß ein Spiel!

Natürlich dürfen Sie den Spieß umdrehen: »Sie werden verstehen, dass Ihr Unternehmen nicht das einzige ist, bei dem ich mich beworben habe. Ehrlich gesagt liegt ein anderes Unternehmen in diesem Punkt höher. Wenn Sie also hier noch etwas machen könnten …« Wenn Sie es so formulieren, muss das noch nicht einmal stimmen. Es ist lediglich ein Wink mit dem Zaunpfahl.

Ganz oft schmettert das Gegenüber einen absolut legitimen Wunsch ab mit: »Das ist bei uns so nicht üblich!« Eine Bewerberin entgegnete darauf: »Ich bin ja auch keine übliche Bewerberin!« Eine gute Antwort. Nicht wegen der Schlagfertigkeit — darauf kommt es nicht so sehr an. Es geht vielmehr darum, klar zur Sprache zu bringen, dass Sie wegen der lapidaren Mitteilung *Nicht bei uns üblich!* nicht auf einen Wunsch verzichten werden. Sie verzichten nicht, Sie machen was? Richtig. Verhandeln.

Noch ein verbaler Trick zu der Ansage: »Damit sprengen Sie unser Gehaltsgefüge!« Eine Bewerberin erwiderte: »Nicht nur mit meinem Gehaltswunsch, sondern auch mit meiner Leistung.« Man könnte ebenso ganz sachlich sagen: »Sie werden verstehen, dass mir mein Wertbeitrag zum Unternehmenserfolg so viel wert ist. Also wie können wir meinen Vorstellungen gerecht werden, ohne Ihr Gefüge zu verschieben?« Wenn Ihr Gegenüber daraufhin antwortet »Da ist leider nichts zu machen«, signalisiert er keinerlei Entgegenkommen, Verhandlungsbereitschaft, Kreativität oder guten Willen. Und mit solchen Leuten wollen Sie zusammenarbeiten? Da könnte ich mir Besseres vorstellen. Sie sicher auch.

»Was Sie da vorschlagen, können Sie bei uns verdienen, wenn Sie entsprechend Erfahrung gesammelt haben!« — »Ich habe mich beworben, weil ich der Überzeugung bin, dass ich über die erforderliche Erfahrung bereits verfüge.« Oder: »Ich denke Leistung, nicht Erfahrung sollte der Maßstab für Erfolg und Entlohnung sein.« Eine besonders kecke Bewerberin antwortete: »Beamte werden nach Verweildauer bezahlt.«

»Sie sind ja mächtig von sich selbst überzeugt!« — »Ja, was sonst?« Oder: »Hätten Sie lieber eine schüchterne Bewerberin? Oder eine, die von Selbstzweifeln geplagt ist?«

»Glauben Sie, dass Sie wirklich so viel wert sind?« — »Sonst säße ich nicht hier.« Oder: »Natürlich — Sie etwa nicht?« Oder auch: »Davon werde ich Sie in den kommenden Wochen überzeugen — wenn Sie möchten.«

»Wir haben über 30 Bewerber, die den Job sofort nehmen würden.« — »Das denke ich mir. Es kommt aber nicht auf die Bewerber an, die den Job wollen, sondern darauf, welche Bewerberin Sie wollen …«

Eine Frage des Stils

Manche Interviewer kommen kühl und distanziert rüber, manche flirten mit Ihnen, andere spielen die Übermutter oder Big Daddy, wieder andere haben offensichtlich von der Materie wenig Ahnung und profilieren sich heftig, einige betreiben Fishing for Compliments … Welche Stile sind Ihnen schon begegnet?

Tipp
Stellen Sie sich auf den Stil Ihres Gegenübers ein!

Das heißt nicht nur, den Stil zur Kenntnis zu nehmen, sondern den eigenen Stil daran anzupassen. Wenn Sie also einem »harten Hund« gegenübersitzen, dann sollten Sie nicht klein beigeben, sondern ihm Paroli bieten. Natürlich immer souverän und höflich. Wenn der andere auf Harmonie bedacht ist, dann sollten Sie ihm nicht Ihre Forderungen wie einen nassen Lappen um die Ohren hauen. Das hört sich lapidar an, ist es aber nicht.

Denn die meisten Bewerberinnen reagieren auf »harte Hunde« wie? Automatisch und unreflektiert entweder verunsichert oder irritiert. Warum? Weil sie die harte Gangart spontan und im Stress der Situation als Ablehnung ihrer Person oder als Angriff fehlinterpretieren. Das ist eine menschliche und verständliche Reaktion — sie beruht aber auf einem Missverständnis. Dahinter steckt kein Angriff, sondern der persönliche Stil des Gegenübers. Pflegt eine Interviewerin einen sehr eigenen Stil, höre ich von Bewerberinnen oft: »Von einer Frau in ihrer Position hätte ich schon etwas mehr Solidarität für eine Bewerberin und Verständnis unter Frauen erwartet!« Das mag ja sein. Aber wenn beides nicht zum Stil der Interviewerin gehört? Dann sollte frau sich während des Gesprächs darauf einstellen und sich nicht hinterher beklagen.

Ganz oft ist der Stil von Interviewern auch: *Ich quassle Sie zu!* Das kommt vor, doch Sie sollten auch Verständnis für Ihre eigenen Interessen aufbringen: Unterbrechen Sie höflich, um Ihre Fragen anzubringen.

Viele Bewerberinnen beklagen auch, dass vor allem ältere, erfahrene und verdiente Interviewer sie von oben herab behandeln. Eine Mentorin sagte daraufhin: »Das machen manche Männer, seit ich als Lehrling angefangen habe. Das ist mir inzwischen egal. Hauptsache, sie beantworten alle meine Fragen.« Das ist tatsächlich dann egal, wenn es sich beim Interviewer nicht um den späteren Vorgesetzten handelt.

Ganz selten verlaufen Interviews fast schon traumatisch. Die Bewerberin fühlt sich zunehmend unwohl, entweder weil sie sich nicht auf den Stil einstellen kann oder weil das Gespräch wirklich mit einer Härte geführt wird, die ihr fremd ist und auf die sie sich nicht einlassen möchte. Und wie jede gut erzogene Tochter sitzt die Bewerberin dann ihre halbe Stunde aus, die ihr wie eine Ewigkeit vorkommt. Das müssen Sie nicht und sollten es nicht. Gesprächsabbruch ist zwar eine harsche, aber in begründeten Fällen die einzige Option. Wie immer freundlich, souverän, aber kompromisslos: »Es tut mir leid. Ich finde Ihr Angebot nach wie vor interessant, aber diese Form des Gesprächs sagt mir nicht zu.« Aufstehen, verabschieden, Abgang. Keine Diskussion. Ganz sicher wird Ihr Gegenüber Sie mit Worten aufzuhalten versuchen (weil er sein Blatt überreizt hat und es ihn reut). Schenken Sie ihm kein Gehör.

Verhandeln für Fortgeschrittene

Immer wieder treffe ich Frauen in Cafés oder Lobbys, die sich bestens gelaunt und fröhlich einen Espresso genehmigen — direkt nach einem Vorstellungsgespräch. Keine Spur von Stress oder Restnervosität! Keine Selbstvorwürfe und kein Gedankenkarussell: *Was hätte ich besser machen können?* Früher habe ich mich gefragt, wie die das machen. Dann habe ich sie gefragt.

Gemeinsamer Nenner aller souveränen Frauen: Sie haben das Gespräch geführt. Noch einmal: Sie haben das Gespräch geführt. Also nicht so sehr der Interviewer, sondern sie. Und zwar von der ersten Sekunde an. Noch bevor der Personalchef oder Fachvorgesetzte in spe sie begrüßen kann, begrüßt sie ihn (oder sie). Mit Handschlag und Lächeln. Dann ergreift sie die Initiative und initiiert den üblichen Smalltalk, und zwar nicht übers Wetter, sondern über etwas Firmenspezifisches. Zum Beispiel die Architektur: »Eine beeindruckende Lobby haben Sie da!« Das hört das Gegenüber gerne und sagt meist auch gerne etwas dazu. Eine Bewerberin bricht das Eis mit einer Anspielung auf die Tageszeit: »Schön, dass Sie Ihren Morgen mit mir beginnen!« Häufig sagt das Gegenüber dann mit stolzer Entrüstung: »Ich bin schon seit zwei Stunden zugange!« — »Da schau her. Und schon eine Menge Aufgaben abgearbeitet? Was ist denn aktuell?« Oder am Abend: »Schön, dass Sie mich noch vor Feierabend drannehmen!« — »Ach, der kommt heute erst in drei Stunden!« — »Wieso? Viel zu tun oder brennt's irgendwo?« Und schon erzählt der Gefragte aus dem spannenden Leben eines Interviewers — und bewertet danach die Bewerberin automatisch und unreflektiert besser. Denn wer sich für uns interessiert, den finden wir unbewusst und automatisch sehr viel interessanter, glaubwürdiger und kompetenter. Das ist die Macht des Interesses.

Danach stellt die Bewerberin Fragen zur aktuellen Entwicklung von Unternehmen, Geschäftsfeld und Abteilung, hakt bei vielen Antworten interessiert nach, bringt frühzeitig ihre eigenen Fragen an und vertieft diese Themen weiter. Sie zeigt damit Kompetenz, Interesse und Glaubwürdigkeit und muss deshalb bei strittigen Punkten gar nicht lange oder hart verhandeln — denn sympathischen und kompetenten Leuten macht man(n) gerne mal ein Zugeständnis. Das sind aber ganz viele Tricks und Kniffe? Nein.

Das ist nur einer. Und auch kein Trick oder Kniff. Sondern eine Haltung, Einstellung, ein Mindset. Wie mir eine dieser souveränen Frauen sagte: »Wenn ich ein Gespräch führe, dann führe ich es auch. Wir sind hier nicht beim Tanzen, wo immer nur der Mann zu führen hat.« Natürlich führen sie nicht bevormundend oder fallen dem anderen ständig ins Wort, sondern sie sind souverän, beziehungsfreundlich, aber immer sehr am roten Faden orientiert.

Dahinter steht die Einstellung: Es ist mein Leben. Ich warte nicht, bis es Goldtaler vom Himmel regnet. Ich sorge dafür, dass ich sie mir verdiene. Eine gute Einstellung. Je öfter Sie verhandeln (üben), desto stärker machen Sie sich diese Haltung zu eigen. Und je stärker diese Einstellung in Ihnen wird, desto stärker werden Sie spüren: Richtig gut verhandeln macht richtig viel Spaß!

7 Sei gut zu dir: Nach dem Gespräch

»If you lose, don't lose the lesson!«
Dalai Lama

»Solange du lernst, bist du nicht alt.«
Rosalyn Yalow

Das ist wieder mal typisch!

Je ehrgeiziger, motivierter und leistungsorientierter eine Bewerberin ist, desto kritischer fallen die ersten Minuten, Stunden oder gar Tage nach einem Bewerbungsgespräch oft aus. Dann regnet es Selbstvorwürfe, zum Beispiel: *Klar, dass ich das versemmelt habe; das ist wieder mal so typisch.* Typisch, ja. Aber mit einer anderen Bedeutung, als wir meist annehmen. Es liegt nämlich oft weniger an unserem typischen Verhalten als an jenem des Gegenübers im Bewerbungsgespräch. Das erlebte auch Miriam.

Sie hat im Gespräch versagt (so meint sie), weil sie irgendwann völlig haltlos zu plappern angefangen habe. Dass eine Quasseltante nicht gut ankommt, und zwar nicht nur im Bewerbungsgespräch, liegt auf der Hand. Aber warum ging der Gaul mit ihr durch? Weil ihr Gegenüber ihr wortkarg und mit unbewegter Miene gegenübersaß und seine Fragen runterspulte. Sie dachte: *Der findet mich total langweilig und nicht überzeugend!* Also versuchte sie auf Biegen und Brechen, ihn vom Gegenteil zu überzeugen, ihn mit ihrer Kompetenz und Beredtheit für sich einzunehmen. Was ihr einfach nicht gelang. Warum nicht?

Ihr Gegenüber war nun mal ein knochentrockener Typ, Fachabteilungsleiter, sehr sachzentriert, sehr auf Neutralität bedacht — der ist halt so einsilbig und wortkarg! Miriam hat das nicht erkannt. Sie dachte (was durchaus typisch ist), es läge an ihr. Dabei lag es an ihm — was wiederum an ihr lag: Sie hat nicht gesehen, welche Eigenschaften der Interviewer hat. Und sich nicht auf ihn eingestellt.

Die Bewerberin nach ihr tat das übrigens auch nicht. Sie reagierte in die entgegengesetzte Richtung: Irgendwann gab sie nur noch »Ja« und »Nein« als Antworten und redete in Stichwörtern. Das war dann selbst dem wortkargen Interviewer zu wenig. Auch diese Bewerberin hat etwas Grundlegendes nicht verstanden.

> **! Tipp**
>
> Erkennen Sie den Typ Ihres Gegenübers und gehen Sie darauf ein!

Diesen Tipp kann jeder Mensch umsetzen! Dafür sorgen allein die Spiegelneuronen: Wenn Sie mich gähnen sehen, gähnen Sie mit hoher Wahrscheinlichkeit auch. Doch unter Stress schaltet unsere Nervosität diesen unwillkürlichen Reflex oft aus. Dann reagieren wir nicht reflexartig, sondern denken: *Was denkt mein Gegenüber bloß von mir? Was mache ich falsch?* Anstatt zu denken: *Mein Gegenüber ist so, wie es ist — und darauf stelle ich mich ein.* Konkret heißt das unter anderem:

- Geben Sie Zahlenmenschen Zahlen.
- Gefühlsmenschen reden gefühlsbetont — tun Sie das in Maßen auch.
- Ihr Gegenüber verwendet viele Metaphern und blumige Ausdrücke? Das können Sie schon lang!
- Beschimpft Ihr Gegenüber die *verdammten Chinesen!*, sollten Sie nicht unbedingt die Vorzüge der Globalisierung preisen, sondern ebenfalls den modernen Hyperwettbewerb kritisch bewerten.
- Wer Ihnen gegenüber betont, wie wichtig Entscheidungsfreude und Tatkraft ist, dem sollten Sie nicht sagen, dass bestimmte Situationen zu komplex sind für übereilte Entscheidungen.

Dann reden Sie dem anderen aber gehörig nach dem Mund? Nein. Nicht gehörig. Sondern angemessen. Natürlich sollen Sie Ihre Überzeugungen nicht verleugnen — aber eben auch nicht die Ihres Gegenübers brüskieren. Interessenausgleich ist die Mutter der Verständigung.

Authentizität bedeutet eben nicht, den anderen zu ignorieren. Bedeutet nicht: *So bin ich aber und er ist anders — ach wie doof: Mit dem kann ich nicht!* Sollten Sie aber. Mit Leuten können ist im Bewerbungsgespräch passagenweise wichtiger als Fachkompetenz. Niemand stellt eine fachlich hoch kompetente Bewerberin ein, die er oder sie selbst unsympathisch findet, weil sie nicht mit Leuten kann. Das sagen übrigens alle Fachvorgesetzten über hoch qualifizierte, abgelehnte Bewerberinnen und Bewerber: »Hoch kompetent, aber passt nicht ins Team.«

ARBEITSHILFE ONLINE

> **Übung**
>
> Sich auf andere einzuschwingen, einzupendeln, auf dieselbe Wellenlänge zu gehen, mit dem Stil der eigenen Kommunikation auf ihn oder sie einzugehen, das ist im Zeitalter der Smombies (Smartphone-Zombies) eine wenig populäre und deshalb kaum geübte Kompetenz. Das ist nicht schlimm. Schlimmer wäre, wenn Sie das weiterhin nicht üben würden. Trainieren Sie! Entweder frei für sich oder mit Unterstützung unserer neunten Arbeitshilfe.

Und wieder: Bitte keine Selbstvorwürfe!

Wir haben schon darüber gesprochen (siehe Kapitel 1), doch nach einem Bewerbungsgespräch sollten wir uns erneut daran erinnern: Sich selbst Vorwürfe zu machen ist zwar menschlich — aber es ist nicht gut für uns.

> **Tipp**
>
> Machen Sie sich nach einem Bewerbungsgespräch Luft — aber bleiben Sie nicht in negativen Gefühlen und Selbstkritik stecken! Denken und fühlen Sie weiter.

Sich fürchterlich über sich selbst aufzuregen ist ganz natürlich und unvermeidlich — aber eine qualifizierte Nachbereitung sieht anders aus. Nachbereitung, die hilfreich ist und Sie besser macht, ist nicht hauptsächlich emotional und vorwurfsvoll, sondern vor allem konstruktiv und wertschätzend. Sie ist auch nicht pauschal (*Totaler Flop!*), sondern konkret, zum Beispiel: *Ich werde beim nächsten Mal meine beruflichen Erfolge stärker herausstellen.* Das hilft. Weil es greifbar ist und Sie besser macht. Wenn Sie sich nicht sicher sind, wie Ihr Verhalten nach einem Vorstellungsgespräch zu werten ist, fragen Sie sich: *Bringt mich mein Verhalten weiter? Meinen Zielen näher?*

Natürlich passiert einigen Frauen auch das Gegenteil. Sie leiden nicht unter Selbstvorwürfen, sondern unter Selbstüberschätzung. Man fühlt sich an die Schulzeit erinnert: »Ihr habt ja heute Englisch geschrieben, wie lief es?« — »Och, eigentlich ganz gut. Ich habe ein gutes Gefühl.« Nach einer Woche kommt die Klausur korrigiert zurück: eine glatte Fünf. Die Schülerin hat sich mal wieder stark überschätzt.

Sowohl Selbstüberschätzung als auch Selbstvorwürfe haben bemerkenswerterweise oft dieselbe Ursache: Angst vor Abwertung. Wer sich selbst Vorwürfe macht, kommt damit unbewusst der Abwertung anderer zuvor und muss sich nicht länger davor fürchten. Wer sich dagegen selbst überschätzt, verdrängt vor lauter Angst den Gedanken an eine drohende Abwertung. Aus diesem Grund irrt auch das Sprichwort, wenn es sagt: *Aus Fehlern wird man klug!* Wer sich selbst Vorwürfe macht, schämt sich meist viel zu sehr, um etwas dazuzulernen. Und wer sich gewohnheitsmäßig überschätzt, wird ebenfalls aus Fehlern nicht klug, weil: *War doch nicht meine Schuld! Ich habe alles richtig gemacht!*

Um Selbstabwertung und Selbstüberschätzung weitgehend zu vermeiden, sollten Sie vor jeder Manöverkritik nach einem Bewerbungsgespräch erst für eine konstruktive und wertschätzende Grundhaltung sorgen. Hier wieder eine Sammlung haltungsinduzierender Aussagen (sozusagen Mantras) von erfolgreichen Bewerberinnen:

- Das Bewerbungsgespräch war ganz okay. Ich mache das gut. Und wenn ich an den neuralgischen Punkten besser aufpasse, dann mache ich es beim nächsten Mal noch besser.
- Ich kritisiere mich nicht. Ich verbessere mich.
- Ich rede einfach so mit mir, als ob ich meine eigene große, fürsorgliche Schwester wäre.
- Vorwürfe bringen nichts. Verbesserungsvorschläge sind besser.
- Ich bin mir nicht zu schade dafür, es beim nächsten Mal besser zu machen.

Esoterisch bewanderte Frauen reden im Zusammenhang mit einer wertschätzenden, konstruktiven Grundhaltung sich selbst gegenüber auch von Self-Parenting oder Selbstbemutterung — die Ausdrücke sind gewöhnungsbedürftig, die Konzepte dahinter jedoch wirkmächtig. Eine gute Mutter würde sich eher auf die Zunge beißen, als zu ihrer Tochter zu sagen: »Das Bewerbungsgespräch hast du voll versemmelt!« Viele von uns haben früher solche Aussagen von ihren Bezugspersonen gehört. Das heißt aber nicht, dass wir dieses Verhalten kopieren sollten. Machen Sie es besser. Kritisieren Sie sich nicht. Stellen Sie sich lieber Schlüsselfragen, die Sie besser machen, etwa:

- Was konkret lief gut im Gespräch? Bitte fangen Sie immer mit dieser Frage an. Erst das Gute, dann das Verbesserungswürdige.
- Was lief nicht so gut? Wenn Sie das schriftlich notieren, steigt die Wahrscheinlichkeit einer fruchtbaren Analyse.
- Was möchte ich also beim nächsten Mal besser machen? Dito: Bitte Ihre Erkenntnisse aufschreiben!
- Was war ungewöhnlich, was hat mich überrascht?
- Wie bereite ich mich besser darauf vor?
- Welche unangebrachten Reaktionen möchte ich mir abgewöhnen?
- Wie, wann, mit wem und wie ausführlich trainiere ich, was ich besser machen möchte?

Wenn Sie aus Ihren Antworten ein Trainingsprogramm für die Zeit zwischen den Bewerbungsgesprächen machen, werden Sie von Mal zu Mal besser. Garantiert. Das macht Arbeit? Dafür haben Sie keine Zeit? Ja und ja. Es macht Arbeit — und es lohnt sich. Es kostet Zeit — und macht auch Spaß. Es macht Spaß, wenn Sie merken, wie Sie immer besser werden. Letztendlich ist das eine Frage der Einstellung. Viele Bewerberinnen wollen die leidige Bewerberei schnellstmöglich hinter sich bringen und endlich einen neuen Job! Mit dieser Einstellung fällt es jeder Frau schwer, besser werden zu wollen. Wer dagegen seine Employability (siehe Kapitel 9) und seine Kompetenz steigern möchte, lernt immer gerne dazu. Für Frauen, die eine solche Einstellung pflegen, ist Besserwerden der größte Spaß und der schönste Lohn.

Ich weiß nicht, ob das der richtige Job für mich ist

Das sagen etliche Frauen nach dem (ersten) Bewerbungsgespräch. Eigentlich ist das Gespräch dafür gedacht, genau das herauszufinden. Hat sie denn nicht alle vorbereiteten Fragen gestellt? Und so lange nachgehakt, bis alles klar war? Selbst wenn: Oft ist nach zwei Dutzend Fragen immer noch vieles unklar. Macht nix!

Denn wenn Sie in die engere Wahl kommen, gibt es bei höheren Positionen immer eine zweite Runde. Da können Sie dann tiefer bohren. Gibt es kein weiteres Gespräch, warten Sie einfach den Bescheid ab. Bei einer Absage erübrigt sich die Frage, ob es um den richtigen Job ging. Bei einer Zusage hat sich Ehrlichkeit bewährt, zum Beispiel gegenüber dem Personalverantwortlichen oder dem Fachvorgesetzten in spe. Rufen Sie an und fragen Sie direkt: »Danke für Ihre Zusage. Ehrlich gesagt bin ich noch etwas unschlüssig. Hätten Sie etwas dagegen mir noch — gerne am Telefon — einige Fragen zu beantworten? Wann wäre es denn passend für Sie?« Niemand, der bei Trost ist, hat etwas dagegen. Und dann klären Sie, was noch offen ist.

> **Tipp**
>
> Das hört sich vernünftig an? Leider sind wir oft nicht so. Etliche Bewerberinnen sagen ein Angebot ab — bloß weil sie sich nicht sicher sind. Bei Unsicherheit: nicht absagen, sondern nachfragen!

Aber dann reagieren die Befragten vielleicht ungehalten? Prima! Dann verfliegt Ihre Unsicherheit im Nu: Wer gegenüber einer höflich fragenden Bewerberin ungeduldig ist, vermittelt ihr ganz klar: *Hier möchten Sie nicht wirklich arbeiten!*

Viele Bewerberinnen packt nach einem Vorstellungsgespräch auch die ganz grundsätzliche, kategorische Unsicherheit. Sie sagen zu mir: »Ich weiß gar nicht, ob ich überhaupt einen Job in der Industrie (oder jeder anderen Branche) möchte oder ob ich nicht lieber was ganz anderes machen will!« Auf die Nachfrage: »Was denn zum Beispiel?« kommt oft ein: »Ich weiß auch nicht, aber halt was anderes!« Das deutet darauf hin, dass die eigentliche Berufswahl nie richtig und generell getroffen wurde. Da geht es ans Eingemachte. Das heißt: Frau sollte mit sich selbst in Klausur gehen oder eine Berufsberatung besuchen. Es gibt schlechte Beratungen und sehr gute, für die man teilweise vierstellig bezahlt, die dann aber auch zwei Tage dauern, hunderte Fragen stellen und danach ein zuverlässiges Stärken-Schwächen-Profil nebst Berufsempfehlungen ausstellen.

So viel Geld muss man nicht ausgeben. Doch jede Frau sollte diese grundsätzlichen Fragen nicht vor sich herschieben, sondern eher früher als später bestmöglich klären. Oder sich einen Ruck geben und die lange gepflegten Sehnsüchte und Hoffnungen endlich realisieren und doch noch einmal Beruf, Branche oder betriebliche Funktion wechseln: Nach einem Wechsel sieht frau dann recht schnell, welcher Beruf besser passt. Was jedenfalls nicht hilft: Angebote ablehnen lediglich aus der Unsicherheit heraus, ob eine Aufgabe auch wirklich die richtige ist. Im ungünstigsten Fall nach der Probezeit zu wechseln ist besser, als einen Job wegen Unsicherheit a priori abzulehnen.

Humor

Jede Situation, in der wir uns dem Urteil anderer aussetzen, ist stressig bis traumatisch. Solche Events muss frau erst einmal bewältigen. Dafür gibt es Bewältigungsstrategien, auch Coping Strategies genannt. Humor ist eine der ältesten und besten Coping-Strategies. Wie wenig populär sie ist, erkennen wir am gängigen Missverständnis.

Humor ist nicht spontanes Lachen oder die Alles-paletti-Attitüde. Humor ist das relativ ernsthafte Bemühen, im dicksten Stress absichtlich (intentional) eine augenzwinkernde Auflockerung zu finden. Also den Ernst der Lage nicht zu leugnen, sondern sich im Bewusstsein dieses Ernstes über sie zu erheben. Rebecca zum Beispiel unterläuft im Vorstellungsgespräch wirklich ein Riesenschnitzer. Sie als erfahrene Laborleiterin verwechselt in einem unachtsamen Augenblick zwei Laborverfahren, was keinem Laborant im Schlaf passieren würde. Das Gespräch endet bereits nach 20 Minuten, sie kann einen Zug früher nach Hause nehmen und telefoniert unterwegs mit der besten Freundin: »Das hätte auch schiefgehen können!« Beide lachen. Nach so einem Desaster gilt: Lachen ist nicht nur die beste Medizin, sondern auch die klügste Art der spontanen Nachbereitung eines Gesprächs, um für seelisches Wohlbefinden zu sorgen. Später können Sie immer noch sachlich analysieren … Darüber zu lachen ist besser, als sich Stress zu machen.

Die kleinere Schwester des Humors ist die Gelassenheit oder die Let-it-be-Einstellung. Es gibt es ein Sprichwort, das sagt: »Bevor ich mich aufrege, ist es mir doch lieber egal.« Genau, gelassen zu bleiben ist besser, als sich aufzuregen. Genau genommen ist alles besser, als sich aufzuregen.

> **! Tipp**
>
> Sagen Sie sich immer wieder: Humor ist keine Technik, sondern eine Einstellung. Also etwas, das nur dann funktioniert, wenn frau es immer und immer wieder übt. Das Gute daran: Sie können so eine Einstellung jederzeit und überall üben. Auch jetzt.

Mentalhygiene

Humor und Gelassenheit sind Zahnbürste und Duschgel der Mentalhygiene. Wer nach Vorstellungsgesprächen in eine Depression versinkt oder in Hysterie verglüht, sollte sich an das Zentralprinzip der Mentalhygiene erinnern.

> **Tipp** !
>
> Es ist nicht Ihre Aufgabe, sich selbst herunterzuputzen oder sich selbst mit überzogenen Erwartungen verrückt zu machen. Es ist vielmehr Ihre Aufgabe, Ihr Selbstwertgefühl nicht ab-, sondern wieder aufzubauen und nach einigem Bemühen zu einer realistischen, ausgeglichenen Einstellung zu gelangen.

Ich weiß, das fällt uns oft schwer. Frauen sind Champions der Selbstabwertung oder des übertriebenen Hoffnungsglühens. Deshalb ist Mentalhygiene umso wichtiger. Wie Zahnhygiene: Niemand macht das mit Verve und Gusto. Aber wir machen es. Weil es nötig ist und wir sonst aus dem Mund müffeln. Wir haben auch eine Pflicht gegenüber uns selbst. Warum bauen wir unser Selbstwertgefühl mentalhygienisch nach Stresssituationen wieder auf? Weil wir es uns wert sind.

Manche Frauen sind in Zeiten der Bewerbung dauerangespannt, aber eher im Sinne von Eustress, von gutem Stress. *Ich bin so gespannt, wann es endlich klappt!* Bei einigen hält dieses Mentalhoch an, ohne Nebenwirkungen. Andere pendeln quasi manisch-depressiv zwischen himmelhoch erwartend und nach einer Absage zu Tode betrübt. Einige sagen: »So bin ich. Schon mein ganzes Leben. Ich weiß ja: Nach jedem Tief kommt wieder ein Hoch!« Wer sich damit wirklich wohlfühlt, sollte dabei bleiben. Vielen macht jedoch dieses Auf und Ab der Gefühle schwer zu schaffen. Ihnen empfehle ich: Gelassenheit, Ausgeglichenheit und Resilienz sind keine Zustände, sondern Fähigkeiten. Das kann und sollte frau üben. Mit einer guten Mentalhygiene.

Unter die Mentalhygiene fällt beispielsweise auch die Behandlung eigener Fehlattributionen wie: *Ich habe Mist geredet!* Nein, die Interviewer haben einfach einige ziemlich fiese Fangfragen gestellt. Sich hier selbst die Schuld zuzuschreiben ist weder sinnvoll noch wertschätzend oder konstruktiv. Frau kann das üben: Was lag tatsächlich an mir? Und was lag an den anderen, den Umständen, die ich nicht beeinflussen kann?

Achten Sie in diesem Zusammenhang auf Ihren Attributionsstil, also auf den Stil, mit dem Sie Ereignissen bestimmte Erklärungen zuschreiben. Wir alle haben einen (sogar mehrere, je nach Situation). Bei Pessimistinnen fällt der Stil der Zuschreibung besonders auf. Elisabeth zum Beispiel sagt: »Ich vermassle die Fünf-Jahres-Frage doch jedes Mal! Kein Wunder, dass mich niemand einstellt!« Erkennen Sie das Muster? Pessimistinnen attribuieren Misserfolge internal, stabil und global:

- Internal: Sie nehmen die Schuld auf sich — auch wenn der Interviewer die Fünf-Jahres-Frage total fies und verklausuliert gestellt hat.
- Stabil: Sie vermasseln das immer.
- Global: Wegen dieser einen Sache bekommt die Pessimistin dann auch niemals nie nicht einen neuen Job.

Im Gegenzug attribuieren selbstwertschwache Menschen eigene Erfolge:

- External: Ich hatte auch Glück! Die waren besonders nett zu mir!
- Instabil: Das war die Ausnahme, sonst verhau ich das immer!
- Punktuell: Deshalb stellen die mich noch lange nicht ein!

Das kommt Ihnen bekannt vor? Natürlich. Das ist typisch Frau, das passiert uns eben hin und wieder; wobei es natürlich auch Millionen männliche Pessimisten gibt.

> **! Tipp**
>
> Achten Sie auf Ihren Attributionsstil (das ist eine Lebensaufgabe). Gewöhnen Sie sich an, Misserfolge external, instabil und punktuell zu erklären und Erfolge internal, stabil und global.

Ich weiß, das war jetzt im Schnellzugtempo. Attributionstheorie für Frauen wäre aber auch wieder ein eigenes Buch — oder Sie machen eine intensive Internetrecherche, die sich für Sie lohnt.

Hoffnungslos gibt es nicht!

Ich finde nie meinen Traumjob!, *Keiner will mich!*, *Die guten Jobs sind alle schon weg!*, *Mit meiner Qualifikation (in meinem Alter, mit x Kindern, meiner familiären Situation ...) krieg ich so einen Job doch nie!* Solche Gedanken kommen einem schon mal. Spätestens nach einem halben Dutzend erfolgloser Vorstellungsgespräche. *Ich bin halt ein hoffnungsloser Fall!* Nein.

> **! Achtung**
>
> Es ist entscheidend, dass Sie diesen Unterschied erkennen: Sie fühlen sich vielleicht hilflos, aber Sie sind es nicht. Eine kluge Frau weiß sich immer selbst zu helfen.

Das ist ein Gefühl, keine Tatsache. Beides hat eine Berechtigung, sie sollten es jedoch nicht verwechseln. Oder wie es die Amerikaner sagen: *Feelings are not facts*. Hilflosigkeit ist trotzdem kein angenehmes Gefühl. Deshalb kommt es darauf an, wie Sie damit umgehen, zum Beispiel:

- Wenn Sie das Gefühl haben: *Das wird nie was!*, setzen Sie ein anderes Gefühl dagegen: Trotz (*Jetzt erst recht!*), Empörung (*Alle haben einen tollen Job? Dann steht mir auch einer zu!*), Wut (*Was fällt denen ein? Ich habe ein Recht darauf!*). Merke: Wut tut gut. Weil sie aktiviert. Im Gegensatz zu Hilflosigkeit.
- Wenn Sie unwillkürlich denken: *Das wird nix mehr!*, setzen Sie ganz bewusst konstruktive Gedanken dagegen: *Was könnte ich noch probieren? Wen könnte ich fragen? Was könnte ich anders machen?*
- Erinnern Sie sich an Shakespeare: »This above all: To thine own self be true.« Sie wollen einen guten Job — also bleiben Sie sich treu, stehen Sie weiter zu Ihrem Wunsch. Das nennt man auch Beharrlichkeit, Ausdauer oder Stehvermögen.

Eine Headhunterin verriet mir einmal: »Es hat noch jede was gefunden. Man muss bloß lange und intensiv genug suchen.« Das unterschreibe ich. Es gibt nur einen Fall, in dem Sie aufgeben dürfen: Wenn Sie sich dazu entschließen. Menschen, die sich bewusst und aktiv dafür entscheiden, landen nicht in der Hoffnungslosigkeit. Sie richten sich vielmehr in ihrer aktuellen Situation besser ein. Alles ist besser, als tatenlos rumzusitzen und zu jammern …

Exkulpationssucht

Auch Rechtfertigungssucht genannt: *Wenn die auch so blöde Fragen stellen!*, *Ich bin mit technischen Typen noch nie gut ausgekommen*, *Vertrieb ist halt nichts für mich!* Aha. Schuld sind also immer nur die anderen. Das ist Attribution als Extremsport. Natürlich: durchaus menschlich. Aber wenig hilfreich. Wenn immer nur die anderen schuld sind, können Sie selbst nie besser werden. Weil Sie sich selbst das Lernen verbieten. Das ist Ihr gutes Recht. Aber dann machen Sie es bitte nicht unbewusst mit vorgeschobenen Rechtfertigungen. Sondern ganz bewusst: *Dieses Gespräch war so unangenehm — das hake ich jetzt sofort ab und vergesse es umgehend. Ich verzichte auf die Lektion daraus und danke schön für nichts!*

Sie möchten sich die Rechtfertigungssucht abgewöhnen? Dann ersetzen Sie sie durch Schlüsselfragen wie:
- Okay, die Leute waren schwierig. Aber wie könnte ich mit solchen Menschen besser zurechtkommen?
- Auch nur ein kleines bisschen?
- Welche neue Kompetenz könnte ich dafür erwerben?
- Welche alte Fähigkeit stärken?

- Wie könnte ich das üben?
- Wenn ich mich an einzelne Passagen des Gesprächs erinnere und noch mal gedanklich durchspiele: Wie könnte ich es besser machen?

Die letzte Frage ist übrigens nicht nur eine Frage, sondern eine Technik der Lern- und Traumatherapie; im Neurolinguistischen Programmieren heißt sie »Change History«. Indem Sie sich bildhaft und mit guten Gefühlen vorstellen, wie Sie eine belastende Situation im Rückblick besser bestehen, was Sie anders machen, wie Sie es besser machen, reduzieren Sie die Belastung. Und Sie lernen, es beim nächsten Mal tatsächlich besser zu machen.

> **! Achtung**
>
> Eine kleine Warnung noch: Was Sie eben zu Humor, Mentalhygiene, Hoffnungslosigkeit und insbesondere Exkulpationssucht gelesen haben, gilt für Sie und Sie allein. Wenn Sie dagegen in Umfeld, Familie oder Bekanntschaft eine humorlose, mental verwahrloste, hoffnungslose und wild sich rechtfertigende Bewerberin erleben, sollten Sie auf keinen Fall ratschlagen: »Du solltest das alles einfach mit mehr Humor betrachten und etwas für deine Mentalhygiene tun!«
>
> Solche Rat-Schläge, mit Betonung auf Schläge, bewirken in der Regel das Gegenteil: Therapieabwehr, Trotz, Widerstand — noch mehr Rechtfertigung, Beweis der Unmöglichkeit. Sie können der Kandidatin alternativ dieses Buch empfehlen/schenken oder die Ratschläge so didaktisch behutsam einführen wie eben auch auf diesen Seiten. Frei nach Max Frisch: Man sollte dem Gegenüber die Wahrheit wie einen Mantel hinhalten, damit sie hineinschlüpfen kann — und sie ihr nicht wie einen nassen Lappen um die Ohren hauen.

Nur Absagen!

100 Bewerbungen, 20 Interviews — und nur Absagen. Worst Case. Was dann? Ruhe bewahren und: Coaching! Entweder kollegial, familiär oder professionell. Denn: Es gibt immer einen Grund! Und: Frau kommt dahinter. Indem sie selbstkritisch ist, sich helfen lässt und mit anderen zusammen die eigene Performance im Vorstellungsgespräch analysiert. Der Imperativ lautet: *Jetzt finde ich heraus, woran es liegt!* Und das schaffen Sie. Versprochen.

Meiner Erfahrung nach wissen oder ahnen zumindest viele Bewerberinnen, was der Grund sein könnte. Sie wollen bloß nichts ändern. *Aber wenn die doch manchmal so einen Unfug erzählen! Dann muss ich das doch richtigstellen!* Muss sie dabei auch so scharf werden, dass ihre Sympathiewerte in den Keller gehen? Oder: *Aber bei Sachen, die ich noch nie gemacht habe, muss ich doch ehrlich sein und sagen, dass ich mir das nicht zutraue!* Wer behauptet das? Frau könnte sich auch sagen: *Das kann ich nicht. Noch nicht. Aber die geben mir die Chance, das im neuen Job zu lernen. Also gebe ich sie mir auch!*

In vielen Fällen stecken hinter einer Kette von Absagen solche selbstsabotierenden Verhaltensneigungen; eine Marotte, ein Charakterzug. Diesen kann frau sich abgewöhnen — für die Dauer von Vorstellungsgesprächen. Das ist eine eigene Aufgabe. Sie ist lösbar, wenn auch nicht auf Anhieb. Es dauert einige Zeit im Coaching oder Self-Coaching, um herauszufinden: *Ich sabotiere mich mit der Marotte selbst, weil ich damit meine Identität oder andere hohe Werte schützen möchte!* Die penetrante Rechthaberin von eben fühlt sich persönlich angegriffen, wenn jemand Unfug erzählt. Die Überehrliche von eben hat schlicht Versagensangst. Wer sich diese unbewussten Schutztendenzen bewusst macht und sie würdigt, kann sich und seine Werte im Gespräch auf andere Weise bewusst schützen. Das ist möglich, wenn frau sich Zeit lässt, sich selbst auf den Grund geht und tiefergehend am eigenen Verhalten arbeitet.

In einigen Fällen ist die Lösung einfacher, wenn auch nicht leichter: Im Berufsfeld, in dem die Bewerberin sucht, ist wegen einer Branchenkrise, der Digitalisierung oder sonst eines äußeren Einflusses gerade wirklich kein Blumentopf zu gewinnen, kein erreichbarer Job frei. Dann finden Sie das aber auch heraus. Indem Sie sich umhören und im Internet recherchieren. Dann heißt es: Mut zu Neuem! Auch den kann frau mit etwas Anlauf, Geduld und guter Absicht nach und nach aktivieren.

Manchmal stellt sich heraus, dass für den Traumjob eine gewisse Qualifikation fehlt. Dann holen Sie sich diese. Oder geben Sie den Traum mit gebührender Trauer auf. Das ist besser, als ewig zwischen den Stühlen hängen zu bleiben und reale sich bietende Chancen deshalb zu übersehen.

Nachfassen

Eine Gefahr nach dem Vorstellungsgespräch besteht darin, dass wir wie in der Zeit der ersten Verliebtheit auf *den Anruf* warten. Oder das Schreiben. Das ist ein wenig kleinmädchenhaft, aber menschlich. Es hängen ja so viele Träume und Wünsche am neuen Job! Und dann warten wir eben. Sehnsuchtsvoll, nervös, gestresst. Anstatt uns munter weiter umzusehen und zu bewerben.

Aber wenn dann wirklich die Traumzusage kommt? Dann können wir den anderen ja immer noch freundlich absagen. Daher: keine Pausen! Wenn Sie sich bewerben, bewerben Sie sich so lange, bis der Arbeitsvertrag unterschrieben ist. Ich kenne etliche Bewerberinnen, die sich noch darüber hinaus bewerben: *Wenn ich in der Probezeit was Besseres finde — dann wechsle ich doch! Dafür ist die Probezeit schließlich da!* Das wird mancher Arbeitgeber anders sehen, aber aus der Perspektive einer Bewerberin ist das legitim und engagiert.

Wenn die Ungeduld beim Warten auf die Antwort des potenziellen Arbeitgebers gar zu groß wird und manche Unternehmen sich Wochen, ja Monate (kommt in Zeiten des Fachkräftemangels tatsächlich immer noch vor) Zeit lassen, dann dürfen, nein, sollen Sie nachfassen. Rufen Sie an und entschuldigen Sie sich bloß nicht dafür: »Entschuldigung, dass ich anrufe, aber ich wollte nur mal fragen ...« Das klingt schwach und ist schwach.

Freundlich funktioniert besser: »Einen schönen guten Tag. Mein Name ist ... Ich habe mich am ... bei Ihnen vorgestellt und möchte mich nun nach dem Stand des Bewerbungsverfahrens erkundigen.« Viele PersonalreferentInnen reagieren auf so eine legitime Anfrage ungehalten: »Wenn hier alle Bewerber anrufen würden, kämen wir zu nichts anderem mehr!« Das hat nichts zu sagen. Wenn ein Mensch Ihnen gegenüber unhöflich ist, hat er ein Problem, nicht Sie. Erinnern Sie sich regelmäßig daran.

Und wenn die Personalabteilung sich in Zeiten der Personalknappheit immer noch Wadenbeißer leistet, die am Telefon Bewerberinnen vergraulen, dann rufen Sie danach auch gleich beim Fachvorgesetzten in spe an, bei dem Sie sich ebenfalls vorgestellt haben. Auch er sollte Interesse an einem zügigen Verfahren haben. Wenn er jedoch vergleichbar unfreundlich ist, fliegt die Charade, die er im Interview gespielt hat, auf und der Fall hat sich für Sie erledigt: Möchten Sie wirklich mit so ungehobelten Leuten arbeiten?

Tu doch was!

Viele Bewerberinnen fassen die Zeit nach einer Vorstellung als passive Wartezeit auf. Das ist verständlich und menschlich — und tut gar nicht gut. Kluge Bewerberinnen machen es anders. Sie sind wie Spitzensportlerinnen: Nach einem Wettkampf legt frau sich nicht bloß passiv auf die Liege, sondern entmüdet und regeneriert aktiv: auslaufen, Entmüdungsbad, Massage, Aufbautraining, Leistungsanalyse, Verbesserungspotenziale aufdecken und anzapfen ... Machen Sie es auch so!

Ein Kernanliegen in Ihrer aktiven Regenerationsphase zwischen zwei Bewerbungsgesprächen sollte Ihre emotionale Verfassung sein. Ja, ich weiß, viele Menschen glauben immer noch, dass Gefühle kommen und gehen wie das Wetter. Nichts könnte falscher sein. Wie William Ernest Henley (in seinem Gedicht »Invictus« von 1875) sagte: »I am the master of my fate, I am the captain of my soul.« Das ist natürlich sehr poetisch.

Heute sagt man etwas weniger poetisch Self-Compassion dazu. Das ist keine Methode, sondern eine Haltung. Eine Einstellung sich selbst gegenüber, die von Respekt, Freundlichkeit und Wertschätzung geleitet ist. Freundlich zu sich selbst sein? Ich weiß, vielen Frauen wie Männern (in der westlichen Welt!) erscheint das entweder unmöglich oder gar anrüchig. Deshalb heißt es Haltung. Die erwirbt man nicht wie einen Karton Prosecco bei einem Fünf-Minuten-Shopping-Stopp. Das baut man/frau sich ein ganzes Leben lang auf. Warum?

Weil Self-Compassion, und nicht wie jahrelang angenommen ein starkes Selbstwertgefühl, die wichtigste Grundlage für persönlichen Erfolg, Ausgeglichenheit, Resilienz und persönliches Glück ist. Wer gut mit sich selber umgeht, übersteht nicht nur die Zeit nach einem Vorstellungsgespräch, sondern wächst weiter. Persönlich, charakterlich und an Fähigkeiten. Ich wünsche es Ihnen.

8 Hurra, hier bin ich wieder! Der Wiedereinstieg

»Wir setzten den Fuß in die Luft und sie trug.«
Hilde Domin

»Viele Frauen haben Angst, als Zicke abgestempelt zu werden, wenn sie entschieden ihre Meinung sagen. Aber meine Mutter hat mir gezeigt, dass man sich so Respekt verschafft.«
Sophie Auster, Tochter von Siri Hustvedt und Paul Auster
(SZ-Magazin 41/2016)

Wiedersehen macht Freude?

Frauen legen Berufspausen ein. Wenn sie Mutter werden. Wenn sie Angehörige pflegen. Manche auch, wenn sie zwei Jahre durch die Welt reisen. Oder aus anderen Gründen. Einige gehen danach an ihren alten Arbeitsplatz zurück und machen weiter wie zuvor. Das halten Sie für den Euphemismus des Jahrhunderts? Das ist es.

Es gibt diesen problemlosen Wiedereinstieg und ich gratuliere jeder, wenn er ihr gelingt oder schon gelungen ist. Die meisten Frauen jedoch berichten von etwas anderem. Von Problemen, Anfeindungen, Selbstzweifeln und Steinen, die ihnen in den Weg gelegt werden. Das alles beginnt nicht erst bei der Rückkehr. Rita, mit ihren 28 Jahren bereits stellvertretende Abteilungsleiterin, erzählt: »Wir sind 17 Kolleginnen und Kollegen, neun davon Frauen. Drei wurden in kurzer Folge schwanger. Bei der vierten sagte der Chef im wöchentlichen Meeting vor der versammelten Mannschaft ohne jeden scherzhaften Unterton: ›Wenn jetzt noch eine schwanger werden will, muss sie das vorher von mir genehmigen lassen!‹ Einige der Kollegen haben gekichert. Wir Frauen fanden das völlig daneben. Dass man so etwas Übergriffiges heute noch sagen darf und damit durchkommt, unglaublich.«

Dem Abteilungsleiter sei zugestanden, dass er in Zeiten des Fachkräftemangels fürchtet, die Vakanzen nicht mehr besetzen zu können und deshalb seine Jahresziele zu verfehlen. Aber dann sollte er es auch auf diese Weise formulieren und kein »Schwangerschaftsverbot« aufstellen. Als ich selber vor 35 Jahren zum ersten Mal schwanger war, sagte mein damaliger Chef als Erstes: »Mit wem besetze ich denn jetzt Ihre Position?« Kein: »Herzlichen Glückwunsch!« oder auch nur: »War das geplant?« Seither hat sich manches geändert, doch ganz offensichtlich nicht überall.

Seien Sie nicht naiv!

Die Managerin Anette von Löwenstein, damals Abteilungsleiterin einer Agentur, wurde mit 39 schwanger. Das kommentierte ihr Chef so: »Muss denn das jetzt sein?« Ähnlich freundlich ist der Ton dann auch, wenn die frischgebackene Mutter oder Berufspäuslerin wieder an ihren Arbeitsplatz zurückkehrt: »Von wegen Arbeitsplatz!«, sagte eine Laborleiterin. »Ich landete in der Abstellkammer. In meinen Augen ein Gesetzesverstoß — aber ich wollte nicht klagen. Ich wollte mich aus dieser Kammer wieder herausarbeiten.« Typisch Frau eben.

> **! Tipp**
>
> Seien Sie nicht naiv! Wenn Vorgesetzte und KollegInnen sich freuen, wenn Sie schwanger werden und wenn Sie wieder zurückkehren — genießen Sie das! Aber rechnen Sie nicht damit. Stellen Sie sich auf offene und versteckte Abwertung ein und lassen Sie diese an sich abperlen. Bereiten Sie sich darauf vor, dass Sie für das, was Ihnen zusteht, kämpfen müssen.

Dass werdende und zurückkehrende Mütter und Frauen dumm von der Seite angequatscht, gemobbt und aufs Abstellgleis geschoben werden, bloß weil sie die Kühnheit hatten, schwanger zu werden oder Angehörige zu pflegen, ist eine Frechheit, unmoralisch und gesetzeswidrig. Das empört Sie genauso wie mich. Und das betrifft nicht nur Frauen. So gehen Menschen nun mal miteinander um. Auch Männern passiert das oft.

Als ein 48-jähriger Ingenieur in einem Maschinenbauunternehmen nach acht Monaten den Krebs glücklich besiegt hatte und unter Verzicht auf die eigentlich nötige Kur aus dem Krankenhaus an seinen Arbeitsplatz zurückkehrte, fand er diesen nicht mehr vor. Man hatte in seiner Abwesenheit, ganz zufällig und ganz praktisch, die Abteilung »reorganisiert« und einen Kollegen auf seine Position gesetzt.

Der Kapitalismus ist nicht an sich grausam, das ist er lediglich an bestimmten Stellen, so heißt es. Wenn Sie schon vor Ihrer sogenannten Familienpause am Umgang unter den Kolleginnen und Kollegen und am Führungsstil der Verantwortlichen festgestellt haben, dass Sie an einer solchen Stelle arbeiten: Seien Sie nicht naiv. Erwarten Sie keine Wunder. Erwarten Sie, was zu erwarten ist. Lassen Sie sich nicht überraschen.

Wer sich nicht überraschen lässt, steckt den Schock deutlich schneller weg. Hoffen Sie auf das Beste und gehen Sie vom Üblichen aus. Dann sind Sie vorbereitet. »Die sind alle so unfreundlich zu mir, seit ich zurück bin!«, seufzt eine Rückkehrerin. »Ach«, sagt ihre beste Freundin, »und das überrascht dich? Wie gehst du damit um?« Das ist die richtige Frage. Wir können nicht beeinflussen, wie wir behandelt werden. Doch wir können und sollten nach Kräften beeinflussen, wie wir damit umgehen. Natürlich fällt das oft schwer, weil es unseren unbewusst gepflegten Erwartungen widerspricht.

Ein Vorteil der Mutterschaft ist doch, dass der Mutterstatus uns an vielen Orten und bei vielen Menschen einen Instantbonus verleiht, eine Aura, einen Vorzeigeruf. Und plötzlich wird uns das nicht nur vorenthalten, sondern im Gegenteil auch noch vorgehalten? Das ist ein Schock. Aber nur, wenn frau nicht damit rechnet. Ergo: Rechnen Sie damit. Dabei ist dieser Schock noch nicht einmal der Worst Case bei der Rückkehr.

Die lebenslange Babypause

Die Boston Consulting Group legte die Studie »Frau dich! — Das schlummernde Potenzial der Frauen für die deutsche Wirtschaft« (München 2015) über Frauen in Führungspositionen vor, die zeigt: Führungsfrauen enden in Deutschland oft nolens volens in einer »lebenslangen Babypause«. Es kehren zwar viele in den Beruf zurück, aber die meisten eben nur noch mit halber Kraft. Entweder werden sie informell, aber wirkungsvoll zur Teilzeit gezwungen oder, noch schlimmer, sie sagen: »Geht doch gar nicht anders. Ich habe ja jetzt Familie.« Damit begraben sie dann auch leider oft ihren Karrieretraum — obwohl es inzwischen einige Unternehmen gibt, die Chefinnen in Teilzeit beschäftigen.

Dass bei diesen Firmen dann besonders viele hoch qualifizierte Frauen anklopfen, wundert auch nur jene Unternehmen, die lieber über den Fachkräftemangel klagen, als von ihrem längst widerlegten Diktum herunterzukommen: *Chef in Teilzeit funktioniert nicht!* Natürlich ist das im 21. Jahrhundert möglich, es gibt inzwischen etliche Vorbilder dafür. Doch um diesen zu folgen, muss ein Unternehmen sie erst einmal erkennen und die eigenen Vorurteile überwinden. Viele sind damit leider noch etwas überfordert.

Oft sind es noch nicht einmal rückständige Chefs, die Wiedereinsteigerinnen die Karriere verbauen. Häufig steht auch das direkte Umfeld aus Partner, Herkunftsfamilie und guten Freundinnen der Frau nicht hilfreich zur Seite, sondern rät ihr gut gemeint: »Du wirst doch jetzt nicht auch noch Karriere machen wollen! Warte doch erst mal, bis die Kinder größer sind!« Viele nehmen sich das zu Herzen. Was ist daran falsch?

An dieser fortgeschrittenen Stelle des Buches ahnen Sie es sicher: Sie hören den Rat, der Ihnen von anderen gegeben wird. Aber nehmen Sie auch Ihre eigenen Interessen und Träume wahr? Es ist wunderbar, wenn Sie in Teilzeit wiedereinsteigen — wenn das tatsächlich Ihr Wunsch ist. Ist er das? Wirklich? Oder handelt es sich eher um einen faulen Kompromiss, ein Zugeständnis der Art: *Ihr habt mir die Huld erwiesen, schwanger werden zu dürfen, dafür begebe ich mich jetzt freiwillig in lebenslange Teilzeitfron?* Viele ergründen den impliziten Widerspruch zwischen ihren Motiven und ihren Interessen nicht erst, sondern gehen schon mal den Teilzeitkompromiss ein. Den Rest vom Leben fragen sie sich dann heimlich: *Wo wäre ich heute, wenn ich damals Vollzeit wiedereingestiegen wäre?*

Natürlich muss frau den Volleinstieg super organisieren und braucht jede Menge Unterstützung dafür! Doch die Erfahrung zeigt: Wenn frau tatsächlich ihre eigenen Wünsche ergründet und herausfindet, wie wichtig ihr die Vollzeit wirklich ist, dann stemmt sie auch gerne und erfolgreich die scheinbar unmögliche Organisationsarbeit und findet die Hilfe, die sie braucht.

ARBEITSHILFE ONLINE

> **Übung**
>
> Deshalb ist es so bedeutsam, dass Sie sich über Ihre Wünsche und Interessen, die Sie nach der Familiengründung hegen, klar werden. Sie können diese Klärung do-it-yourself oder mit Unterstützung unserer zehnten Arbeitshilfe vornehmen.

Wünsche geben Kraft

Wer sich der eigenen Wünsche bewusst ist, findet auch leichter die Kraft, sie zu realisieren. Eine Topmanagerin, inzwischen 51, sagte: »Für mich war Teilzeit nie eine Option, weil ich ein klares berufliches Ziel hatte. Also teilte ich am Ende meiner Babypause der ganzen Familie mit: ›Mama geht wieder Vollzeit arbeiten. Bitte unterstützt mich darin! Wenn wir das richtig anpacken, macht uns das stärker!‹« Natürlich hat sie das nicht nur einmal gesagt, sondern hundertmal in den ersten Wochen.

Aber: Nach dieser klaren Ansage wollte weder ihr Partner noch Sohn (4) oder Tochter (2) die Mama hängen lassen. Und wenn jetzt der Sohn seine Socken selbst aus dem Trockner holt und in die Schublade sortiert, dann ist er stolz; erstens, weil er Selbstwirksamkeit erfährt, und zweitens, weil die Mutter und Managerin ihn ganz im Sinne einer operanten Verstärkung darin bestätigt: »Du machst das toll! Ich freue mich, wenn wir den Haushalt gemeinsam schmeißen. Wir sind ein tolles Team!« Zugegeben: Welche Mutter redet schon so in der Familie? Ich fürchte, Sie ahnen die Antwort: Jene, die die berüchtigte Dreifachbelastung erfolgreich stemmen. Wie Managerinnen zu sagen pflegen: »Führung ist zu 90 Prozent Kommunikation.« Und Kommunikation kann frau lernen.

Daneben steht noch eine Option offen: Vor allem in heftig vom Fach- und Führungskräftemangel gebeutelten Branchen gibt es inzwischen Firmen, die Frauen aus der Teilzeitfalle und lebenslangen Babypause dezidiert heraushelfen. Lanxess unterhält zum Beispiel ein Senior-Trainee-Programm, um Akademikerinnen, die wegen der Kinder länger als sieben Jahr pausiert haben, mit Mentorin und Fortbildungen 18 Monate lang bei der Rückkehr in den Beruf zu unterstützen. Wer sucht, findet solche zeitgemäßen Programme und intelligenten Arbeitgeber.

> **Tipp**
>
> Das gilt übrigens generell. Wenn Ihnen der Wiedereinstieg schwerfällt oder wenn Sie es sich leichter machen wollen: Informieren Sie sich! Viele Träger bieten hierzu gute Kurse an. Das Internet ist voll von nützlichen Quellen. Es gibt Bücher und Broschüren zum Thema. Und sind in Ihrem Netzwerk nicht auch ein paar Frauen, denen der Wiedereinstieg prima gelungen ist? Oder auch misslungen? Nutzen Sie deren Erfahrung!

Das ist nötig. Denn wenn der eigentliche Zeitpunkt der Rückkehr eintritt, wird es leider oft fies.

Fiese Tricks

Wenn Sie bei Ihrer Rückkehr mit offenen Armen empfangen werden — Glückwunsch! Wenn nicht, dann erleben Sie möglicherweise das, was vielen Frauen widerfährt:

- Während Sie von zu Hause aus immer mal wieder den Kontakt mit dem Vorgesetzten und den KollegInnen pflegen, erleben Sie immer mehr Sticheleien und angedeutete Unterstellungen, je näher Ihr Wiedereintrittstermin kommt. Sie merken: *Die wollen mich gar nicht mehr! Ich bin nicht willkommen!*
- Sie fragen bei Ihrem alten Chef wegen einer frühzeitigen Rückkehr an und er ermutigt Sie nicht dazu — gelinde gesagt.
- Sie bekommen trotz Absprache und Gesetz nicht eine vergleichbare Stelle, weil reorganisiert wurde.
- Sie müssen sich nach der Pause mit einem kleineren Verantwortungsumfang, weniger Einfluss, niedrigerer Bezahlung, schlechteren Arbeitsbedingungen und/oder geringeren Aufstiegschancen begnügen.

Wie zum Beispiel Jolina. Sie kommt zurück — und wird abgeschoben. Nicht auf einen Putzjob. Aber auf eine Stelle, die deutlich unter jener liegt, die sie verlassen hatte. Sie könnte klagen. Mit guten Aussichten, wie ihr Anwalt sagt. Doch sie entscheidet sich: *Ich klage nicht. Ich wehre mich.* Sie verhandelt sage und schreibe ein halbes Jahr mit ihrem Arbeitgeber. Zäh wie ein

Pitbull: *Wenn ich mich in was verbeiße, dann ziehe ich das bis zum Ende durch!* Die Degradierung kann sie nicht rückgängig machen, aber sie kriegt wenigstens wieder ihr altes Gehalt. Sie sagt: »Weniger Verantwortung, gleiches Gehalt – ich bin damit zufrieden. Und ich setze mich ja jetzt nicht zur Ruhe. Ich arbeite mich wieder nach oben.« Typisch Frau.

> **! Tipp**
>
> Rechnen Sie damit, dass bei Ihrer Rückkehr nicht alles beim Alten ist: Umstrukturierung, Reorganisation, neue Verteilung von Verantwortung, geänderte Arbeitsabläufe. Es ist klar, dass sich immer etwas tut, das ist nicht die Frage. Die Frage ist: Wie gehen Sie damit um? Passiv? Passiv-aggressiv? Oder offensiv? *Wie läuft das jetzt? Aha. Dann stelle ich mich darauf ein und sorge dafür, dass ich auch in der neuen Organisation meine Interessen wahre und meine Ziele erreiche.*

Kontakt halten

Immer wieder vermerke ich erstaunt, dass Frauen klagen: »Seit ich weg bin, hat sich so viel geändert! Ich erkenne die Abteilung nicht wieder! Die kennen mich kaum noch! Ich muss mich in vieles ganz neu einlernen!« Was hat sie denn erwartet? Und warum überrascht sie das? Hat sie nicht während ihrer Pause regelmäßig Kontakt gehalten mit Vorgesetztem und KollegInnen? Oft höre ich auch: »Aber ich habe den Kontakt gehalten! Und trotzdem habe ich jetzt das Gefühl, auf einen fahrenden Zug aufspringen zu müssen! Dabei habe ich regelmäßig alle zwei Wochen mit den Kollegen und Kolleginnen telefoniert!«

Ja, dabei aber worüber gesprochen? Darüber, wie süß das Baby ist. Über die gestörte Nachtruhe und dass der Partner, diese treulose Tomate, sich nachts auch schon mal auf die andere Seite dreht und sich damit herausredet, dass er morgen arbeiten muss, obwohl er eigentlich an der Reihe wäre, nach dem unruhigen Kleinen zu schauen. Viele Frauen gehen derart in der beglückenden Mutterrolle auf, dass sie völlig vergessen, auch ihre Rolle als Berufstätige zu bespielen.

Hannelore macht das anders. Bei jedem Anruf fragt sie auch nach: »Wie läuft Projekt X? Ist der Auftrag Meier schon durch? Hängt das Labor immer noch derart hintendran? Und habt ihr die Stände für die Messe schon fertig?« Sie bleibt auf dem Laufenden, weil sie sich konkret darum kümmert. Und nicht nur Baby-Selfies whatsappt.

Schlimmer noch, als einen ausschließlich babyzentrierten oder keinen Kontakt zu halten ist es, die falschen Signale zu senden. Eine Abteilungsleiterin berichtet halb geschockt, halb empört: »Seit Monaten erzählt sie uns, wie schön es ist, Mutter zu sein und dass Familie doch das Beste sei. Wir hören natürlich die indirekten Signale und organisieren die halbe Abteilung um, denn wer so redet, will sicher nicht mehr zurückkommen. Und jetzt will sie das doch! Urplötzlich! Woher kommt das denn?« Die Mutter dagegen meint: »Ich wollte doch immer zurück!« Ja, wollen. Wollen ist gut. Das auch entsprechend zu kommunizieren ist besser.

Rechnen Sie nicht mit Dankbarkeit

Nicole wollte eigentlich den gesetzlichen Mutterschutz komplett ausschöpfen. Doch wenige Monate nach der Entbindung hält sie schon wieder Teammeetings ab und arbeitet Teilzeit: Sie ist Projektleiterin in einem Industrieunternehmen. Die Firma braucht sie, die Kunden warten mit ihren Projekten nicht, bis Nicole wieder Vollzeit arbeitet. Also reibt sie sich zwischen Projektleitung und Mutterschaft auf. Die Oma passt aufs Baby auf, während Nicole das Projekt leitet. Eigentlich ist diese Aufgabe ein 24/7-Job. Teilzeit ist da nicht hilfreich, sofern sich keine gemeinsame Lösung findet, bei der zwei Teilzeitkräfte eine Vollzeitleitung ergeben — und auch diese Arbeitsteilung muss erst einmal funktionieren.

> **Tipp**
>
> Das Argument *Chefin in Teilzeit funktioniert nicht* läuft ins Leere, wenn Sie eine zweite Frau finden, die sich mit Ihnen zusammentut und Sie zur Vollzeitführung ergänzt. Manchmal sollen sich sogar Männer dafür melden ...

Es gibt inzwischen etliche Beispiele dafür, dass das gut funktioniert. Und Arbeitgeber, die sagen: »Ist mir doch egal, wie ihr das untereinander regelt — sofern die Ergebnisse stimmen.« Aber zurück zu Nicole. Nach Ende der Erziehungszeit und des aktuellen Projekts wird sie samt Projektteam gekündigt. Die Geschäftsleitung sagt: »Wir wollen keine Projektleitung in Teilzeit mehr. Die Kunden machen das nicht mit. Es bleibt zu viel liegen. Außerdem: Wenn die Scheune brennt und ein Kunde eine Sofortintervention braucht, können wir ihm nicht sagen, dass die Projektleiterin nur halbtags im Büro ist.«

Lassen wir die offensichtliche arbeitsrechtliche Implikation — Nicole könnte und sollte klagen — beiseite und konzentrieren uns auf das, was Nicole sagt: »Ich reiße mir hier sonst was aus für die Firma und die kündigen mir? Ich hätte auch die volle Babypause nehmen und danach bequem in meinen alten Job zurückkehren können! Aber nein, ich blöde Kuh opfere mich für die Firma auf und was kriege ich dafür? Mein Einsatz wurde in keinster Weise gewürdigt. Wie kann man bloß so undankbar sein?«

Bemerkenswert ist, dass Nicole zwei Dinge von einem Arbeitgeber erwartet, der eine junge Mutter eiskalt feuert: Dankbarkeit und Würdigung. Das ist paradox. Oder absurd. Je nach Standpunkt. Da geht es Nicole wie vielen Menschen. Sie glauben ganz unbewusst: *Wenn ich mich extra anstrenge, werde ich extra gelobt!* Wurden Sie das in der Vergangenheit? Dann dürfen Sie damit rechnen. Wenn nicht, gehen Sie von diesem Nichts auch in Zukunft aus. Sie haben einen tariflichen Anspruch auf Gehalt und Mutterschutz, für Dankbarkeit und Wertschätzung gilt das nicht. Es wäre schön, wenn alle Arbeitgeber, Kunden und Kollegen genug Anstand hätten, sich wertschätzend und dankbar zu verhalten. Das wünschen Sie sich und das wünsche ich mir. Doch Sie und ich leben leider nicht in so einer Welt.

Natürlich hat sich Nicoles Fall in der Branche herumgesprochen, weil sie mit ihrer Wut auf ihren alten Arbeitgeber nicht hinterm Berg hält und die Branche sehr gut vernetzt ist. Deshalb wird jetzt über Nicoles alten Arbeitgeber gesagt: »Der schmeißt Mütter raus. Keine Firma für Frauen.« Tatsächlich ging die Quote der Projektleiterinnen dort in den letzten Jahren von 30 auf zehn Prozent zurück — und auch die Kundenaufträge nahmen ab. Der Clou ist: Das alles hätte die Firma vermeiden können, sogar ohne Nicole weiterzubeschäftigen. Nein, denn was Nicole so aufregt, ist nicht so sehr die Kündigung an sich, sondern Undankbarkeit und mangelnde Würdigung. Hätte das Unternehmen Nicole also entsprechend behandelt, dann würde es jetzt nicht als »Frauen-Killer« dastehen …

Rollenverständnis

Wenn ich bei Vorträgen und in Seminaren Rückkehrerinnen rate, zur Not hart mit ihrem Arbeitgeber zu verhandeln, wenn der sie bei der Rückkehr unvorteilhaft behandelt, dann machen viele Zuhörerinnen eine saure Miene. Annelies drückte die Gedanken dahinter so aus: »Die Monate mit unserer neugeborenen Tochter, das intensive Familienleben — das hat mich mehr verändert als ich geahnt hätte. Nach so einer erfüllten und weitgehend auch harmonischen Zeit nun plötzlich wieder einem widerborstigen und wortbrüchigen Arbeitgeber den Marsch zu blasen, das ist mir so zuwider!« Nach dieser Phase in die berufliche Konfrontation zu gehen fiel ihr sehr schwer. Sie sagte: »So möchte ich nicht mehr sein. Das bin ich einfach nicht.«

Das ist ein Irrtum. Annelies meint, hart und unbarmherzig werden zu müssen, um im Job wieder bestehen zu können. Sie glaubt, ihr Wesen ändern zu müssen. Doch das muss keine Frau. Im Coaching frage ich manchmal: »Wenn jemand Ihr Kind ungerechtfertigt übel beschimpft, was machen Sie da?« Viele Mütter sagen: »Dann werde ich zur Furie!« Und das bleiben Sie dann für immer? Auch beim gemeinsamen Abendessen und bei der Gutenachtgeschichte für das Kind? Natürlich nicht!

Jeder Mensch spielt über den Tag viele Rollen. Wie erwähnt, sagt die moderne Psychologie auch »Ego States« dazu. Es sind schlicht die vielfältigen Facetten einer normalen Persönlichkeit, die im Lauf des Tages ganz automatisch und weitgehend unreflektiert aktiv werden und zum Vorschein kommen. In jeder knallharten Megäre steckt eine liebevolle Mutter et vice versa. Das gilt für alle Menschen mit Ausnahme von Sozio- und Psychopathen — und selbst in diesen sind die »guten« Rollen nur ganz tief vergraben.

Wenn wir jedoch glauben, uns ändern zu müssen, sobald wir in den Beruf zurückkehren, können wir nicht von der einen Rolle in die andere wechseln. Weil wir nicht in Rollen denken, sondern in: *Huch, ich muss mich jetzt aber total, gegen meine Natur und für alle Zeiten ändern!* Also denken Sie nicht, dass jetzt die schöne Zeit vorüber ist und Sie nun wieder für immer und ewig zum Biest werden müssen. Sondern dass Sie einfach einer weiteren Rolle gerecht werden, einen weiteren Aspekt Ihrer facettenreichen Persönlichkeit ausleben. Ganz bewusst. So wie Sie abends zur Märchentante werden, werden Sie im Beruf wieder zur taffen und selbstbewussten Kompetenz- und Leistungsträgerin. Auch das sind Sie. Leben Sie es aus!

Die Mutterrolle zu Hause lassen

Sylvia sprach ein ähnliches Problem an: »Mutter zu sein ist doch etwas völlig anderes. Im Beruf habe ich viel mehr Möglichkeiten, viel Einfluss hast du als Mutter nicht. Wenn das Kind krank ist, ist es eben krank und das ganze Tagesprogramm hat sich erledigt. Null Einfluss, null Flexibilität, kaum Mobilität. Nach einigen Monaten fühlte ich mich weder selbstbewusst noch durchsetzungsstark. So ging ich dann auch in meine alte Firma zurück — und Vorgesetzte, Kunden und Kollegen fuhren nach Strich und Faden Schlitten mit mir. So mit einer Mutter umzugehen, ist schon abartig und unanständig.« Das ist es. Aber das ist nicht der Punkt.

Der Punkt ist: Chef und Kollegen waren früher schon so. Nur: Früher hatte Sylvia dem etwas entgegenzusetzen. Das hat sie nun verloren? Mutterschaft macht Frauen einen weichen Keks? Das ist kein blöder Macho-Spruch, das scheint Sylvia vielmehr unreflektiert zu glauben. Darum beklagt sie sich auch. Anstatt wie früher auf einen groben Klotz einen groben Keil zu setzen. Früher machte sie das.

Früher konnte sie das. *Als Mutter bist du halt nicht mehr so taff!* Das ist Unfug, wie das Furienbeispiel weiter oben beweist. Nichts in der Schöpfung ist ehrfurchtgebietender als eine Mutter, die auf 180 ist. Das sollte frau sich mal bewusst machen, bevor sie wieder an einen problematischen Arbeitsplatz zurückkehrt.

Evelyn ist das recht gut gelungen. Als ein Kollege, der einen ziemlichen Bock geschossen hatte, die Verantwortung auf Evelyn abwälzen wollte, meinte: »Als frischgebackene Mutter müsstest du doch eigentlich jetzt nachsichtiger mit mir sein!«, erwiderte sie: »Als Mutter habe ich null Toleranz für Bullshit! Also räum deine Sauerei gefälligst selbst weg, mein Lieber!« Geht doch.

Das alles heißt jedoch nicht, dass eine Mutterschaft Sie nicht grundlegend verändern könnte. Bei manchen tut sie das, bei anderen nicht. Einige Frauen wechseln nach dem ersten Kind den Job. Oder nach einem weiteren: *Der alte passt einfach nicht mehr zu mir! Ich möchte jetzt etwas machen, das nicht nur Geld bringt, sondern auch die Welt ein bisschen besser macht.* Das ist schön. Und eine aktive Bewegung nach vorne. Nicht zu vergleichen mit dem Sich-selbst-Ausbremsen: *Einen richtigen Vollzeitjob kann ich ja jetzt nicht mehr machen. Ich habe schließlich Familie.*

Hör auf Mutter!

Ich bin eine Verfechterin des Lernens aus Erfahrung. Wie schon die alten Römer sagten: »Verba docent, exempla trahunt.« Grob übersetzt: aus Erfahrung gut. Also nutzen wir die Erfahrung erfolgreicher Rückkehrerinnen. Carlotta sagte: »Ich sehe viele Mütter an der Überforderung scheitern und verzweifeln. Sie glauben, es liege an der Dreifachbelastung. Ich glaube, es liegt an den eigenen, meist unbewussten Ansprüchen. Wer in allen drei Bereichen unreflektiert perfekt sein möchte, frustriert sich nur selbst und andere. Ich habe nach meiner Rückkehr in den Beruf nicht jedes Meeting besucht und nicht jede Kindergartenaufführung meines Sohnes, aber alle wichtigen. Und ich kann sehr gut damit leben. Dass alle in meinem Umfeld ebenfalls gut damit leben können, dafür habe ich mit viel Überzeugungsarbeit gesorgt. Das überlasse ich keinem anderen.«

Emma gibt ein Beispiel dafür, wie sie Beruf und Familie so arrangiert hat, dass beides besser vereinbar ist: »Ich habe schon im Vorstellungsgespräch gesagt, dass ich eine stark flexible Regelung der Arbeitszeit möchte. Wenn das Kind krank ist, setze ich auch mal einen halben Tag aus — arbeite das aber nach.« Als sie das sagte, meinte die Personalleiterin mit hochgezogener Augenbraue: »Sie haben ja Ansprüche!« Doch der Fachabteilungsleiter, der beim Interview dabei war, meinte: »Gut so. Wer fordert, ist stark. Ich brauche jemand Starkes an diesem Arbeitsplatz.« Wenn ich diese Anekdote erzähle, meinen manche Frauen: »Die ist aber mutig, die Emma. So mutig bin ich nicht.« Das ist ein Irrtum.

Mut ist kein guter Motivator, weil niemand weiß, wie man mutig wird, wenn man sich nicht mutig fühlt. Aus Sicht der Motivationslehre sehr viel nützlicher sind Wünsche, da sie direkt mit unseren tieferliegenden Motiven verbunden sind. Emma sagte: »Ich wollte einfach von vornherein kein schlechtes Gewissen produzieren. Weder wegen der Arbeit, wenn ich beim Kind bin, noch umgekehrt. Das wollte ich.« Und dieser Wunsch verlieh ihr den nötigen Mut. Weil sie sich ihre Vorstellung vor dem Wiedereinstieg immer und immer wieder in allen Details klarmachte. Wünsche machen Mut, geben Kraft — sofern Sie sich diese detailliert, eindeutig und wiederholt vergegenwärtigen.

Mia ging das ganz anders an. Nach der Geburt ihrer Tochter bewarb sie sich. Ausschließlich auf Vollzeitstellen: *Das wollte ich einfach.* Sie kassierte zwei Dutzend absagen. Dann korrigierte sie ihren Lebenslauf. Sie ließ die Mutterschaft raus. Das Gesetz schreibt das Anzeigen einer Schwangerschaft, aber nicht der Mutterschaft vor. Schon bei der zweiten Bewerbung wurde sie eingeladen. Beim vierten Vorstellungsgespräch entsprach der Job ihren Wünschen. Wegen einem Job lügen? Das Muttersein verschweigen? Mia sagt: »Es ist mein Leben. Und wenn ich damit einen besseren Job oder überhaupt einen Job bekomme ... Meine Kinder schweige ich damit ja nicht weg!«

Zugegeben, die eigenen Kinder zu verschweigen, das ist schon etwas hart. Nicht jede könnte und würde das tun. Aber das ist nicht der Punkt. Der Punkt ist: Tu was! Denn das ist besser, als die Ungerechtigkeit der Arbeitswelt zu beklagen, in der offensichtlich Mütter immer noch, zumindest stellenweise, diskriminiert werden.

Flexibilität entscheidet

Und zwar nicht nur Ihre Flexibilität, sondern vor allem die Ihres Jobs. Diese Flexibilität sollten Sie beim Wiedereinstieg von Anfang an ausweiten. Emilia zum Beispiel ist das recht gut gelungen. Sie sagt: »Ich führe etliche Telefongespräche und Telkos von zu Hause aus. Wenn ich meinen Boris zum Kindergarten fahre, telefoniere ich oft schon. Boris findet das lustig und beteiligt sich manchmal daran. Manche Kunden finden das total cool und steigen auf Bemerkungen von Boris ein! Ein Kunde hat sogar schon vorgeschlagen, dass ich Boris Provision bezahle — in Form von Lego-Fantasy-Figuren.«

Boris kommt auch ab und zu mit zur Arbeit — und Emilia ist nicht die Teamleiterin! Emilia erklärt: »Ich habe das natürlich mit dem Teamleiter und den

Kolleginnen vorher besprochen. Wenn das nicht funktioniert hätte, hätten wir das bleiben lassen. Aber die Miesepeter und Kinderhasser wurden vom Team klar überstimmt. Einige fragen jetzt: ›Wann bringst du den Boris wieder mit?‹« Es geht was, wenn frau was macht.

Leonie dagegen hat es nicht so leicht: »Unsere Meetings enden immer eine halbe Stunde, nachdem ich Lisa hätte spätestens aus der Kita abholen müssen. Ich glaube, die lieben Kollegen machen das absichtlich.« Als sie diesen Verdacht gegenüber einer Kollegin äußerte, fragte diese: »Und? Was machst du dagegen?« Leonie registrierte ihr Versäumnis und traute sich beim nächsten Mal tatsächlich, etwas zu sagen. Klugerweise ganz zu Beginn des Meetings. Sie sagte es nicht klagend und bittstellend, sondern flott und mit Überzeugung: »Liebe Kolleginnen und Kollegen. Wie ihr alle wisst, habe ich ein Kind — danke für den Applaus. Und wenn das als letztes aus der Kita abgeholt wird, mit Tränen in den Augen, und ich den Betreuerinnen sagen muss, wo ich arbeite, dann könnte das peinlich für uns alle werden. Also könnten wir die Tagesordnungspunkte, die mich direkt betreffen, bitte vorziehen?« Es wurde zwar gemosert, doch so wurde es dann gemacht. Das Mosern stört Leonie nicht. »Das gibt sich«, sagt sie.

Und Gelassenheit

Agneta weist auf eine wichtige Sache hin: »Ich musste oft geschäftlich auswärts übernachten — das hat der Job einfach mitgebracht und ich wollte nicht in den Innendienst degradiert werden. Also übernachtete mein Sohn manchmal eine halbe Woche lang bei den Großeltern oder meiner Schwester. Das klappte prima und: Ich hatte kein schlechtes Gewissen! Ich habe mir das verboten. Ich blieb immer bewusst ganz gelassen.« Auch als einige teilzeitarbeitende Kolleginnen ihr mit den üblichen Sticheleien unterstellten, sie sei eine Rabenmutter, weil sie ihr Kind so oft abschiebe. Agneta sagt: »Ich weiß ja, dass es nicht stimmt. Eine gute Mutter ist nicht, wer auf Sticheleien hört, sondern wer weiß, was gut für das Kind, sie selbst und die Familie ist.«

Lisette weist auf einen Punkt hin, der allseits bekannt ist, aber leider häufig übersehen wird: »Viele meiner Kolleginnen haben einfach den falschen Partner. Der hat sie wegen des Aussehens geheiratet oder weil sie so ein toller Kumpel sein kann. Aber nie wurde ernsthaft und glaubhaft die Frage geklärt: Wollen wir wirklich beide ein Kind — oder nur ich und du machst halt mit, weil du mich nicht verlieren willst? In meiner Partnerschaft sind beide beruflich aktiv und das funktioniert prima, weil wir das in langen Gesprächen so gut geklärt haben, dass ich wusste: Er will das wirklich. Er kneift nicht. Wir haben sogar schon vor der Geburt die Arbeitsteilung im Haushalt geübt und irgendwann sagte er: ›Schatz, sei mir nicht böse — aber ab sofort koche ich abends!‹ Ich musste erst mal schlucken, weil ich das interne Kochduell wohl verloren hatte. Aber ich kann das ab.«

Sie kann auch damit umgehen, dass bei der Arbeit das übliche Gerücht kursiert: Mütter sind nicht so belastbar. Ist das Kind krank, sind sie weg. Lisette sagt: »Dass ich selbst die Vorurteile gegen Mütter entkräften muss, ist schon ein starkes Stück. Aber wenn es sonst keiner macht!« Inzwischen hat sie eine Fraktion gebildet, indem sie zum Beispiel zu Vätern sagte: »Michael, deine Frau hat zwei Kinder. Was würde sie dazu sagen, dass hier eine Kollegin gegen Mütter hetzt und du ihr nicht widersprichst?« Das ist unser letztes Stichwort: Überzeugungsarbeit.

Überzeugungsarbeit

Müttern werden Steine in den Weg gelegt. Mütter werden gemobbt und benachteiligt. Absprachen werden gebrochen und Gesetze gebeugt. Rückkehrerinnen wird der Wiedereinstieg schwer gemacht. Das stimmt alles und das ist alles ganz schlimm. Echt jetzt? Nein, ist es nicht. Es ist moralisch verwerflich und menschlich das Allerletzte — aber hey, so ist die Welt! Sie ist, in Teilen, schlecht. Aber schlimm? Schlimm ist das nicht.

Sofern Sie nicht mit einem klaren Klagegrund vor das Arbeitsgericht ziehen, können Sie alle Skepsis, die Ihnen entgegengebracht wird, aus dem Weg räumen. Sie brauchen weder Bagger noch Dynamit dazu. Lediglich: Überzeugungsarbeit. Denn hinter jedem Einwand, auf den Sie stoßen, steckt ein Vorurteil: Mütter sind nicht so belastbar, Mütter fehlen oft und bringen deshalb nicht ihre Leistung, Mütter betrachten den Job bloß als Hobby oder Flucht vor der Familie, Mütter arbeiten doch nur, weil die Familie das zweite Einkommen braucht ... Was ist Ihr Lieblingsvorurteil?

Natürlich regt uns sowas auf! Aber das sollte nicht die einzige Reaktion darauf sein. Es gibt viele Möglichkeiten. Die richtige ist, andere zu überzeugen. Gewiss: Viele von uns sind es nicht gewohnt, dass sie anderen etwas Selbstverständliches erst mühevoll vermitteln müssen. Viele sind darin auch etwas ungeübt. Aber dann üben wir das eben. Wie Nele.

Nele hat eine Chefin, die ihr vor Beginn der Schutzfrist erklärt: »Sie haben einen Anspruch auf vertragsgemäße Beschäftigung, aber nicht auf Ihren alten oder einen konkreten Arbeitsplatz. Solange Sie weg sind, arbeite ich einen Stellvertreter ein und der bleibt dann auch auf diesem Posten!« Das ist hart. Aber hart findet Nele gut. Sie beginnt mit ihrer Überzeugungsarbeit:

»Ich möchte wirklich wieder zurück. Es gefällt mir hier und ich leiste gute Arbeit. Zum Beweis dessen arbeite ich, sobald es wieder geht, einen halben Wochentag von zu Hause aus. Wenn Sie möchten, direkt mit Ihnen. Dann können Sie sich selbst davon überzeugen, dass ich nach meiner Rückkehr keinen Job zweiter Klasse brauche.«

Das ist sehr überzeugend. Und es ist sehr kreativ. Noch so eine Tugend, die Frauen den Wiedereinstieg immens erleichtert: Kreativität. Über Wochen und Monate hinweg arbeitet Nele also telefonisch mit ihrer skeptischen Chefin zusammen. Die macht das nicht aus Gefälligkeit, denn Nele verfügt wirklich über einzigartiges Know-how, was bestimmte Themenfelder angeht. Als Nele zurückmöchte, kriegt sie trotzdem nicht ihren alten Job.

Der Stellvertreter hat sich so gut eingefügt, dass die Chefin nicht schon wieder Unruhe in den Betrieb hineinbringen möchte. Doch Nele verbessert sich trotzdem: Sie steigt von der zwar hoch spezialisierten, aber doch nur einfachen Sachbearbeiterin zur Assistentin des Bereichsleiters auf. Ihre Chefin hat sie mit den Worten empfohlen: »Die kennt unseren Laden in- und auswendig. Die arbeitet neben dem Stillen mit mir die harten Nüsse ab. Die ist so hoch motiviert — wenn Sie die nicht nehmen, werden Sie das bereuen!« Neles Investition hat sich gelohnt.

Selbst wenn sich dieses Mal Kreativität, Gelassenheit, Flexibilität und Überzeugungsarbeit nicht gelohnt hätten: Was wollen Sie sonst tun? Warten, bis die Welt Ihre Rückkehr von sich aus zu schätzen weiß? Manche warten tatsächlich. Andere werden kreativ, flexibel, gelassen und überzeugend. Besser ist das.

9 Nach der Bewerbung ist vor der Bewerbung: Employability-Pflege!

> »Sich nicht intensiver um das zu scheren, was die anderen denken,
> als um das, was du selbst denkst: Das ist Freiheit.«
> Demi Moore

> »Es gehört ebenso viel Mut dazu, etwas auszuprobieren und
> zu scheitern wie etwas auszuprobieren und Erfolg zu haben.«
> Anne Morrow Lindbergh

> »Keep Dreaming Big!«
> Shannon Thomas

Es geht nicht um Ihren Lebenstraum

Es gibt Frauen, die sich gern bewerben. Sie entwerfen gerne kreative Anschreiben, basteln verschiedene Layouts zu ihrem Lebenslauf, beobachten neben der eigentlichen Arbeit her stets mit einem Auge den Arbeitsmarkt. Beneidenswert? Mag sein, aber darüber brauchen wir kein Wort zu verlieren: Das sind die angenehmen Ausnahmen. Denn für die meisten von uns ist die Bewerberei, wenn sie denn fällig wird, keine solche Freude, sondern eher eine lästige Pflicht. Wir wollen das schnellstmöglich erledigen, hinter uns bringen, damit wir uns wieder dem wirklich Wichtigen in unserem Leben widmen können. Leider funktioniert das häufig nicht sonderlich gut.

Diese Bring's-schnell-hinter-dich-Einstellung führt oft nicht zu den gewünschten Ergebnissen, sie ist stressig, nervig und kostet viel Energie. Weil wir dabei übersehen, wie das eine mit dem anderen zusammenhängt: Weil wir unsere Lebensträume vernachlässigen, macht uns das Bewerben Probleme.

Eine 16-Jährige, die unbedingt Flugbegleiterin werden möchte — entschuldigen Sie das Klischee —, erlebt null Stress, wenn sie über die Websites der Airlines surft. Sie macht das mit Begeisterung! Das kostet sie keine Energie; das schenkt ihr welche. Weil: Sie lebt ihren Traum, indem sie sich bei den Airlines bewirbt. Umgekehrt: Je belastender wir die Bewerberei erleben, desto größer ist die innere Distanz zu unseren Träumen.

Wenn wir also beim Gedanken daran, endlich unser Arbeitszeugnis zu aktualisieren oder uns tatsächlich zu bewerben, Unmut und Lustlosigkeit aufsteigen fühlen, hat das nicht ausschließlich etwas damit zu tun, dass Jobwechsel per se stressig sind. Sondern sehr stark damit, dass wir unsere Träume mehr oder weniger aus den Augen verloren haben. Es geht zwar vordergründig ums Bewerben. Aber eigentlich geht es um Ihren Lebenstraum.

Als Sie Ihren ersten Job anfingen — was waren Ihre beruflichen Träume? Einmal abgesehen vom Einkommen: Was haben Sie sich insgeheim erhofft? Sie gingen ganz unbewusst davon aus, dass Ihnen diese Aufgabe, dieser Beruf etwas Bestimmtes bringen würde. Was waren diese Hoffnungen, diese Lebenstraumvariablen konkret für Sie? Und was ist daraus geworden? Ich weiß, solche Gedanken gehen ans Eingemachte. Sie lösen im ersten Augenblick oft Abwehr und Verdrängung aus, Scham, Frust, Resignation, Desillusionierung oder milde Verzweiflung. Aus diesem Grund schieben wir solche grundsätzlichen Überlegungen zu unserem Lebensentwurf gerne vor uns her. Wir verdrängen. Wie lange noch? Vielleicht wird es Zeit für ein Gespräch mit einer interessanten Gesprächspartnerin.

Du redest nie mit mir!

Wer ist für Sie der wichtigste Mensch im Leben? Und mit wem reden Sie etwa 80 Prozent Ihrer Zeit? Als ich im Coaching einmal eine Klientin, 37, zweifache Mutter, Bereichsleiterin, bat, doch bitte in den inneren Dialog mit sich selbst zu treten und den ersten Satz auszusprechen, der in ihr hochkommt, sagte sie: »Mein erster Gedanke ist: Du redest mit Chef, Kunden, Kollegen, Partner, Kindern — aber nie wirklich mit dir selbst! Bist du dir so unwichtig?« Guter Gedanke. Reden Sie mit sich. Nicht in der oftmals üblichen Weise: mit Kritik, Skepsis, Zweifeln und Vorwürfen. Sondern zur Abwechslung mal so höflich und konstruktiv wie möglich. Fragen Sie sich zum Beispiel freundlich:

- Was gefällt/gefiel dir an deinem aktuellen/letzten Job?
- Wovon möchtest du mehr haben?
- Wovon weniger?
- Was soll auf keinen Fall mehr vorkommen?
- Was sollte dein Traumjob dir bieten? Wenn du dir frei von sämtlichen Sachzwängen, Qualifikationsvorbehalten, familiären Faktoren, der räumlichen Entfernung und der Rücksichtnahme auf die Beziehung alles wünschen könntest, was du wirklich willst?
- Was möchtest du in deinem beruflichen Leben noch alles erleben? Was wünschst du dir?
- Wohin möchtest du mit deiner Karriere?
- Was von dem, was in dir steckt, möchtest du auch beruflich intensiver ausdrücken, ausleben?
- Was ist dein aktueller Lebenstraum und wie lässt er sich mit deinen beruflichen Wünschen vereinbaren?

> **Übung**
>
> Sie können diese Fragen im Alleingang beantworten. Oder Sie lassen sich dabei von unserer elften Arbeitshilfe unterstützen.

ARBEITSHILFE ONLINE

Ich weiß, in der Berufswelt werden solche tiefschürfenden Fragen oft als Luxus abgetan: *Das steigert die Effizienz nicht!* Das ist falsch. Die produktivsten Menschen sind jene, die für ihre Aufgabe brennen. Und das kann ein Mensch nur, wenn er sich in seiner Arbeit weitgehend ausleben, ausdrücken, selbst verwirklichen kann — aus diesem Grund gibt es Hobbys. Und Traumberufe.

Lebensfragen

Immer noch beliebt bei Arbeitgebern ist die sattsam bekannte Frage im Vorstellungsgespräch: *Wo sehen Sie sich in fünf Jahren?* Als Bewerberin stöhnt man dabei innerlich, wenn man nicht gerade extrem karriereorientiert ist. Selbst dann wäre eine ehrliche Antwort unklug: »Ich will Abteilungsleiterin werden!« Das wäre dann leider oft der Job der Person, die Sie gerade interviewt. So wenig ergiebig die Frage bei einem Bewerbungsgespräch ist, so fruchtbar ist sie vor einem Bewerbungsgespräch:

- Wohin wollen Sie mit Ihrem Leben?
- Wie viele Jahre möchten/müssen Sie noch arbeiten?
- Was möchten Sie in diesen Jahren arbeiten?
- Welche Aufgaben reizen Sie?
- Was wollten Sie schon lange mal machen?
- Geht Ihnen nicht langsam die Zeit aus?
- Wie lange wollen Sie noch warten, zögern, zaudern? Wenn nicht jetzt, wann dann?
- Welche Voraussetzungen sollten gegeben sein, damit Sie aktiv werden? Wie stellen Sie diese Voraussetzungen her?

Alle diese Fragen ergeben eine schöne Liste mit Wünschen. Natürlich sind die in der Familienphase oft schwer zu erfüllen. Aber schwer heißt nicht unmöglich. Wie die Bayern sagen: »A bissel was geht immer.« Wenn frau aktiv wird. Wer aktiv wird, wird belohnt. Und je weniger Sie während der oft anderweitig total ausgebuchten Familienphase aktiv werden können, desto intensiver können und sollten Sie für die Zeit danach wünschen und planen.

Helena beispielsweise hat sich »trotz« ihrer drei Kinder, Mann, Hausbau und Haushalt während der Familienphase auf ihre neue Arbeitsstelle bei einem Immobilienmakler vorbereitet. Inzwischen kennt sie sich mit Schätzverfahren, gesetzlichen Vorgaben, Verkauf und Abwicklung aus. Sie hat sich das draufgeschafft. Als sie ihren Job antritt, trifft sie auf einige neue Kolleginnen, die sich nach einem Quartal im Job noch immer nicht mit den grundlegendsten Begriffen und Prozessen auskennen. Das ist der Unterschied.

Helena sagt: »Ich wollte schon immer Menschen in ein neues, schönes Heim oder eine tolle Wohnung bringen. Die eigenen vier Wände! Das ist doch das Wichtigste im Leben! Als die Kinder noch klein waren, konnte ich nicht raus in den Kundenkontakt. Aber ich habe alles gelesen, was es gab, mit potenziellen Arbeitgebern geredet, auch tageweise hospitiert. Obwohl ich die Familie an der Backe hatte, habe ich mich ständig gefragt: Ich kann jetzt noch nicht Maklerin sein — aber was kann ich jetzt schon dafür tun?« Was ist in der aktuellen Situation mit Blick auf meine Wünsche machbar, realistisch, geboten, möglich, vernünftig?

Was kann ich tun?

Das ist die überragende Frage der Alltagsphilosophie.

Was kann ich tun?

Die Antwort darauf fällt, natürlich, individuell sehr unterschiedlich aus. Die eine zieht vier Kinder groß, leitet einen Lehrstuhl und übernimmt nebenbei noch die Geschäftsführung bei einem Mittelständler. Die andere ist kinderlos und halbtags als Gemeindesekretärin tätig. Und beide sind zufrieden. Weil es ihren persönlichen Wünschen entspricht. Und weil sie sich nicht von anderen dreinreden lassen, sich nicht mit anderen vergleichen — was uns zugegebenermaßen oft schwerfällt. Wir sind halt hypersozial. Sobald wir einen tollen Job in einer fernen Stadt in Aussicht haben, warnen uns die Freundinnen: »Macht das dein Partner mit? Der zieht sicher nicht mit dir um.« Dahinter steht dann unausgesprochen: »Und wir, dein Freundeskreis, übrigens auch nicht.« Das ist dann ein Dilemma. Wirklich?

Nein, ist es nicht. Denn erstens: Wirkliche Freunde und Freundinnen sind treu. Die halten auch Kontakt, wenn man mal weg ist. Und zweitens: Wer wirklich will, findet Wege. Wer eigentlich nicht wirklich will, findet Gründe. Hinderungsgründe.

Und drittens: Wegzuziehen ist kein Dilemma für all jene, die sich ihrer Wünsche und vor allem deren Priorität wirklich bewusst sind. Es tut einem dann sicher leid, Freundeskreis und/oder Beziehung zu riskieren oder aufgeben zu müssen, aber es überwiegt der Gedanke: *Dieser Job ist einfach wichtiger. Das wollte ich schon lange! Wenn ich jetzt nicht zugreife, reut mich das mein Leben lang.*

Was meine ich, tun zu müssen?

Wohin möchten Sie mit Ihrem Leben, Ihrer Arbeit, Ihrem Beruf? Bei den meisten Menschen wird die Antwort auf diese Frage nicht von ihren authentischen Wünschen, sondern von Zwängen und Ängsten determiniert. Anke zum Beispiel arbeitet jeden Abend bis sieben Uhr: »Es liegt einfach so viel an, außerdem bin ich die einzige Unstudierte hier — wenn gekündigt wird, bin ich die Erste, die gehen muss!« Der Chef hat das schon mehrfach vehement dementiert — aber sie glaubt ihm nicht. Sie lebt in den Fängen ihrer Furcht vor Unsicherheit: *Was, wenn ich gekündigt werde?*

Bernadett sagt: »Mit Familie kann man beruflich eben keine großen Sprünge machen!« Ihr Mann animiert sie schon seit Monaten, die ihr angebotene Beförderung anzunehmen; die Töchter sind 14 und 18 Jahre alt. Und trotzdem schiebt Bernadett ihre Familie nicht als Hinderungsgrund vor, sondern glaubt tatsächlich, sie würde die Familie vernachlässigen, wenn sie noch mehr arbeiten würde. Unser Leben wird häufig nicht von uns, sondern von dem bestimmt, was wir meinen und glauben, tun zu sollen und zu müssen. Von internalisierten Erwartungen, das sind solche, die von außen, von Familie, Freundeskreis, sozialer Umgebung und Medien an uns herangetragen wurden und die wir irgendwann unbewusst übernommen haben.

Am einfachsten befreit frau sich von solchen fremden Einflüsterungen, indem sie sich den Titel von Tommy Jauds Bestseller zu eigen macht: »Einen Scheiß muss ich!« Jeder Mensch hat das Recht, internalisierte Erwartungen zu ignorieren. Okay, man wird von jenen, die diese Erwartungen an einen herantragen, dann nicht mehr ganz so intensiv geliebt. Aber geliebt haben sie einen vorher ja auch nicht wirklich. Sonst hätten sie uns nicht diese bescheuerten Erwartungen aufgedrückt. Ich erinnere mich an eine Mutter, die ihrer Familie eines Sonntagmittags lächelnd erklärte: »Da habt ihr was missverstanden. Nirgendwo in meinem Arbeitsvertrag steht, dass ich euch jeden Sonntag einen Sonntagsbraten zubereiten und servieren muss. Ich gehe jetzt Pizza essen, Papi bezahlt — wer geht mit?« Es zählt zu den befreiendsten, beglückendsten, euphorischsten Erlebnissen im Leben einer Frau, sich von den Fesseln fremder Erwartungen zu befreien. Ich kann nur dazu raten. Das ist nicht leicht, das ist nicht einfach, das kostet Zeit, Nerven und Energie. Aber es lohnt sich! Wie nichts sonst im Leben. Das schafft jede Frau gut und gerne alleine. Mit einer Coachin geht es schneller.

Werden Sie besser!

Heike macht Sendungen versandfertig. Ihr gefällt der Job. Sie ist sehr zufrieden: »Nette Kolleginnen, kein Akkordstress wie bei vielen Versendern, gute

Bezahlung.« Trotzdem macht sie jetzt mühsam nebenher ihren Gabelstapler-Führerschein. Warum? Ihre Antwort: »Logo: Staplerfahrer kriegen Zulage!« Aber der Betrieb hat doch schon genügend Fahrer! Was, wenn sie nur tageweise als Krankheitsvertretung fahren darf? »Dann kann ich das in meinem nächsten Job brauchen. Staplerfahrer braucht man immer. Außerdem ist das eine Zusatzqualifikation und die sieht gut aus im Lebenslauf!« Das ist trivial?

Ist es nicht. Denn von ihren 14 Kolleginnen sagen zehn: »Och, den zusätzlichen Stress tu ich mir nicht an. Nach Feierabend will ich nichts mehr von der Arbeit wissen. Die sollen lieber beim Stundenlohn ein paar Euro drauflegen!« Wieso verweigert Heike die Zusatz-Quali nicht? Was macht Heike da? Sie steigert ihre Employability, wie man heute sagt; wörtlich: ihre »Einstellbarkeit«. Ihre Attraktivität für aktuelle und potenzielle Arbeitgeber. Und da beginnt schon das Problem für Frauen.

Als Heike sich beim Lagerleiter für den Lehrgang meldet, verzieht der nämlich das Gesicht: »Das ist eigentlich ein Männerjob!« — »Wieso das denn?« — »Weil man als Staplerfahrer auch mal schwere Kisten wuchten muss!« Das ist grober Unfug. Stapler stapeln Paletten — und die trug auch Arnold Schwarzenegger selbst in seinen besten Jahren nicht auf dem Arm durch die Gegend. Gerade deshalb wurde der Gabelstapler erfunden! Aber wir kennen das ja: die üblichen Vorbehalte. Also sagt Heike: »Sie können mich jetzt zum Lehrgang eintragen oder morgen oder übermorgen oder an jedem folgenden Tag. Denn ich werde hier jeden Tag auftauchen und Ihnen damit auf die Nerven gehen. So lange, bis ich den Schein machen darf.« Der Lagerleiter lacht und sagt großonkelhaft: »Mädel, wenn du so taff bist, dann passt du zu den rasenden Staplerjungs — das ist nämlich ein wilder Haufen!« Und er meldet sie zum Lehrgang an.

> **! Tipp**
>
> Frauen müssen oft kämpfen für Fortbildungen, die Männern nachgeworfen werden. Kein Ding: Kämpfen können wir! Wusste schon Shakespeare: »Hell hath no fury ...«

Wenn Sie mit einem Weiterbildungswunsch an einen Vorgesetzten herantreten, kommt oft die Antwort: »Sorry, kein Budget dafür!« Das ist ganz schön frech, wenn Sie herausfinden, dass ein Kollege dasselbe Seminar besuchen darf, das Ihnen mit dieser Ausrede verwehrt wurde. Fürchtet der Chef nicht, ertappt zu werden? Nein, seine Spielregel lautet: *Wenn du mich ertappst, genehmige ich dir das — vorher nicht.* Weil er weiß, dass viele Frauen und übrigens auch Männer auf den Budgetschwindel hereinfallen.

Es gibt noch einen zweiten Weg. Lissa geht ihn: »Ich habe den Lehrgang zu ›Methoden des Lean Startup‹ aus eigener Tasche bezahlt. Mit Zertifikat. Die

500 Euro hole ich bei der nächsten Gehaltserhöhung locker raus. Denn wer mehr Quali hat, kriegt mehr Gehalt. Wenn nicht hier, dann bei der Konkurrenz. Und das weiß mein Chef.« Ich würde nicht gegen Lissa pokern wollen. Sie kann das wie ein Profi. Gut für sie.

Hol dir das Prestige-Projekt!

»Bei uns kriegen immer nur Männer die A-Kunden, die 18-Ender und die geilen Aufgaben, Stabstellen und Projekte!«, beschwert sich Meike bei mir im Coaching. Ich frage sie, wann das letzte Prestige-Projekt in einem Meeting angeboten wurde. Sie sagt: »Vor drei Wochen.« Wer hat sich gemeldet? »Zwei Kollegen — der eine ist ein Großmaul, das jedes Projektteam zerstört, und der andere Produktentwickler, obwohl es um ein Service-Projekt geht!« Warum hat sie sich nicht gemeldet? »Weil mir noch die Erfahrung bei Projekten dieser Größenordnung fehlt!«, erklärt sie. Das verstehe ich nicht: »Nach Ihren eigenen Worten fehlt die nötige Erfahrung den beiden Kollegen doch wohl auch. Außerdem: Sie halten sich für nicht besser als ein Großmaul und jemand, der fachlich nicht qualifiziert ist, das Projekt zu leiten?« Bascha Mika nennt das bestsellernd »Die Feigheit der Frauen« (München 2016). Das ist etwas heftig, aber ein Körnchen Wahrheit steckt drin.

Auch Männer leiden unter dieser Art von Feigheit. Im selben Meeting saßen mindestens drei Männer, die besser für diese Projektleitung geeignet gewesen wären, aber eben auch nicht so schnell die Hand hochkriegen wie die Narzissten, die sich für Gottes Geschenk ans Projektmanagement halten. Ich weiß, das ist eine Lebensaufgabe: schneller die Hand hochkriegen!

> **Tipp**
> Üben Sie, die Hand hochzukriegen. Nicht erst bei Prestige-Projekten oder bei der Vergabe von Triple-A-Aufgaben. Sondern im Alltag, bei kleineren Dingen.

Zum Beispiel, wenn es um die letzte Tasse Kaffee geht: »Wer möchte …?« — »Nee, nimm ruhig du.« Schluss damit. Sagen Sie: »Ich koche heute schon die dritte Kanne — die letzte Tasse gehört mir. Generell und überhaupt. Wer kocht, hat das Recht der letzten Tasse!« Fühlt sich gut an, spüren Sie es auch? Und ist gut für Sie. Sowohl für Ihr Selbstvertrauen wie auch für Ihr Standing, Ihr Image, den Respekt, den Ihnen andere entgegenbringen. Ihr Umfeld merkt: *Hoppla, mit der muss man ja plötzlich rechnen!*

Und wenn Sie das Prestige-Projekt schließlich erfolgreich ins Ziel gebracht haben, was machen Sie dann? Dann lassen Sie sich nicht die Butter vom Brot nehmen! Denn garantiert taucht an der Ziellinie ein Kollege auf, der Ihren

Erfolg dann nach oben und außen als seinen verkaufen will. Kommen Sie ihm zuvor! Klopfen Sie ihm auf die Finger! Präsentieren Sie Ihren Erfolg selbst nach oben, unten und außen. Was machen Sie noch? Sie nehmen das Projekt und seinen überragenden Erfolg in die aktualisierte Fassung Ihres Zwischenzeugnisses auf. Und bewerben sich für die nächste Renommier-Aufgabe. Dafür haben Sie gar nicht die Zeit?

Lassen Sie mich raten: Weil Sie in Ihrer Abteilung, Projekt- oder Arbeitsgruppe das Mädchen für alles sind?

Schluss mit dem Mädchen für alles

»Warum angeln sich immer die Kollegen die guten Jobs?«, fragt mich Sissi. Das ist eine Scherz- oder Fangfrage. Denn sie grinst dabei verkniffen und gibt selber die Antwort: »Weil wir Frauen ihnen den Rücken freihalten und die ganzen Sch...jobs übernehmen! Und die bedanken sich nicht mal dafür!« Nein, weil ihnen das peinlich wäre. Man bedankt sich nicht bei Frauen, die man wohlwissend wie Hilfspersonal behandelt. Das würde nur ein schlechtes Gewissen machen ... Für die Zuträgerin Sissi ist diese Erkenntnis ein anstrengender, aber lohnender Lernprozess. Neulich startet sie ganz aufgeregt ins Telefon-Coaching: »Ich hab's getan!« Was hat sie getan? »Ich habe meinen ersten Doof-Job abgeschmettert! Slam Dunk! Fühlt sich das gut an!« Wie hat sie das gemacht? »Ich war völlig baff. Wir sitzen im strategischen Ausschuss, der nur alle halbe Jahre tagt, und der Vorstand sagt zu mir: ›Frau Beiersdorfer, Sie machen bitte wie immer das Protokoll!‹ Ich spüre, wie mir die Galle hochkommt, und sage zu ihm: ›Herr Dr. Schwenninger, seit dem letzten Treffen bin ich Leiterin des Key-Account-Managements geworden und kein Abteilungsleiter schreibt Protokolle. Das übernimmt sicher gerne der Kollege Müller.‹ Der Müller war so perplex, der brachte keinen Ton raus. Aber damit war die Sache geregelt.« So macht frau das. Das würden Sie sich nie trauen? Gegenüber einem Vorstand?

Dann üben Sie das mit Kollegen, Kunden oder Lieferanten! So lange, bis Sie das auch bei den hohen Tieren bringen. Denn jeder Blöd-Job klaut Ihnen nicht nur Lebens- und Arbeitszufriedenheit, sondern auch die nötige Zeit für wirklich wichtige, erfüllende und vor allem in Ihrem Zwischenzeugnis vorzeigbare Aufgaben: Employability!

Die Probe-Bewerbung

Das ist ein heikles Thema. Deshalb greifen wir es hier noch einmal auf. Sanne sagt: »Ich bewerbe mich jedes Jahr einmal auf Probe. Nur so halt, um in

Übung zu bleiben und zu schauen, ob ich vielleicht was Besseres finde. Ist mir egal, ob mein Chef das hintenrum erfährt. Der soll ruhig wissen, dass er mich nicht in der Tasche hat!« Sanne ist sehr selbstbewusst. Das hilft bei der Bewerbung und im Leben. Gewiss: Frau sollte keine Angeberin sein. Aber sich doch wohl ihres Wertes bewusst! Wie viel sind Sie sich selbst wert? Welche Wertschätzung bringen Sie sich entgegen?

Das mit der Probe-Bewerbung leuchtet uns allen ein und dennoch begegne ich bei kaum einem Thema so vielen frauentypischen Einwänden. Einer lautet: »Wenn ich mich bloß auf Probe bewerbe und dann absage und mich danach wirklich bei der Firma bewerben muss, der ich abgesagt habe, dann stehe ich bei denen doch schlecht da!« Ja, etwas kompliziert — aber so sind wir nun mal. Verständliche Furcht, aber völlig unbegründet. Das Gegenteil ist der Fall.

> **Achtung** !
>
> Abgelehnte Bewerber und Bewerberinnen werden unattraktiv. Ablehnende Bewerber und Bewerberinnen werden aus Sicht des potenziellen Arbeitgebers attraktiver.

Wie alles im Leben, das wir bei der einen Gelegenheit nicht kriegen konnten: Rares ist attraktiv. Im Marketing spricht man deshalb auch von »künstlicher Verknappung«. Damit treibt zum Beispiel Rolex erfolgreich den Preis seiner Uhren hoch. Wenn Sie freundlich und mit großem Bedauern absagen, dann steigt auch Ihr Wert. Natürlich sagt man nicht ab mit: *War nur zum Spaß! War nicht ernst gemeint!* Aber so schlau sind Sie. Besser formuliert: *Vielen Dank für Ihr attraktives Angebot. Die in Aussicht gestellten Aufgaben reizen mich wirklich sehr und ich bin überzeugt davon, einen wertvollen Beitrag zu Ihren Unternehmenszielen leisten zu können. Leider lassen es private Umstände derzeit vorübergehend noch nicht zu, dass ich mich diesen Aufgaben widme.* Oder jede andere Begründung, die ruhig vorgeschoben, aber nachvollziehbar und akzeptabel formuliert ist. Will heißen: *Jetzt nicht, aber später gerne mal!* Das hört jeder Arbeitgeber gerne.

Netzwerkern Sie!

Und zwar nicht nur mit guten Freundinnen, Verwandten und Bekannten und den üblichen 300 Facebook-»Freunden«, sondern — Employability! — auch und gerade mit beruflich nützlichen Kontakten. Das ist opportunistisch? Zumindest vermuten das manche Frauen. Jene Frauen, die klug netzwerkern, können darüber nur lachen. Beatrix zum Beispiel sagt: »Ich verstehe mich wirklich super mit dem Stabschef eines Kunden. Er bietet mir immer mal wieder an, in drei, fünf Jahren die Seiten zu wechseln und bei ihnen einzusteigen. Sein Angebot in allen Ehren, aber als Stabstellenleiter kann er nicht einstellen. Das muss ein Abteilungsleiter tun. Also achte ich bei meinen Gesprächen mit den Abteilungsleitern bei diesem Kunden darauf, mit welchen sich ein tragfähiger Kontakt ergibt. Und dann frage ich einen von ihnen mal direkt, ob er mich nehmen würde.« So macht frau das. Hat sie keine Angst, dass ihr Chef das erfährt?

Dazu sagt Beatrix: »Bei uns in der Branche ist es üblich, dass man nach einigen Jahren in der Agentur auch mal zu einem guten Kunden wechselt. Die Agentur sieht das gerne, weil sie dann einen exzellenten Kontakt beim Kunden hat. Und selbst wenn nicht: Seit wann bestimmt mein Chef, was ich aus meinem Leben mache?«

Macht alles Sinn. Trotzdem fällt es vielen Frauen schwer, außerhalb der Komfortzone ihrer Arbeits- und Freundinnen-Clique berufliche Kontakte zu knüpfen. Manche finden das anbiedernd und befürchten, dass das als Anmache missverstanden werden könnte. Wird es, wenn man das mit scheuem Rehblick und flatterndem Augenaufschlag im tief ausgeschnittenen Kleidchen macht. Aber das tun Sie doch sowieso nicht!

Häufig höre ich auch: »Dafür habe ich neben einem anspruchsvollen Job, neben Familie, Beziehung, Haushalt und Karriere nicht auch noch Zeit!« Ja, klar, die hat keine von uns. Warum netzwerkern dann etliche Frauen? Sind das alles kinderlose Singles in anspruchslosen Positionen? Natürlich nicht. Die netzwerkern einfach auf wenig zeitintensive Art und Weise. Sie machen das zum Beispiel weitgehend über die berufsbezogenen Social Media. Das lässt sich zwischendurch erledigen, auch abends oder in der Mittagspause. Und etliche Frauen gehen zum Beispiel mittags nicht wie immer mit den Kollegen essen, sondern verabreden sich zwischendurch einmal mit interessanten beruflichen Kontakten. Eine Netzwerkerin sagt: »Wenn ich einmal im Monat auf einen Kongress oder eine Weiterbildung gehe, muss eben mein Partner bei den Kindern ran.« Dann ist es der richtige Partner? Genau. Wer wirklich will, findet immer einen Weg. Vielleicht nicht auf Anhieb.

Beruflich zu netzwerkern ist eine Fähigkeit, die erlernt werden kann. Wer sie beherrscht, besucht auch Events, Tagungen, Kongresse und Seminare, die mit der aktuellen Arbeit wenig zu tun haben. Auch Beatrix. Sie meint: »Ja, bringt mir für meinen aktuellen Job nix. Aber da treffe ich so viele interessante Leute, die mir später mal nützlich werden können!« So kann Networking aussehen.

Das klappt ebenfalls ganz gut in den beruflichen Netzwerken wie XING oder LinkedIn. Und auch die werden oft nicht richtig gebraucht. Beatrix sagt: »Wenn du monatelang nichts Neues von jemandem gehört oder auf seiner

Seite gelesen hast und plötzlich wirbelt er oder sie, updatet und postet wie wild — dann braucht er oder sie dringend einen Job! Kannste drauf gehen!« Das ist das Gegenteil von Networking: Verzweiflung. Netzwerkern bedeutet: ständig Low Maintenance, also mit wenig Zeitaufwand und kurzen, aber persönlichen Posts in Kontakt mit anderen zu bleiben. Und wenn sich dann tatsächlich eine neue Chance für Sie ergibt? Dann sollten Sie neugierig sein.

Bleiben Sie neugierig!

Lena sagt: »Mir stinkt mein Job schon lange. Ich wollte schon immer mal viel lieber was Kreatives machen. Aber ich habe keine Ausbildung als Designerin oder so. In den kreativen Berufen nehmen sie mich nicht!« Was? In allen kreativen Berufen? In keiner Position? Nie? Niemals? Lena weiß das nicht. Sie spürt das. Was sie spürt, ist kein Wissen, sondern die üblichen Blockaden im Kopf: *Schaffe ich nicht, kann ich nicht, können andere besser, traue ich mich nicht, die nehmen mich doch nie!*

Tipp	!
Bei vielen Ängsten hilft der Reality-Check (siehe Kapitel 2): Stimmt das wirklich?	

Wer sich bewerben oder verbessern möchte, sollte neugierig, nicht voreingenommen sein. Oder besser noch: Skeptisch gegenüber dem, was man so sagt! Lena meint: »Meine Freundin ist Grafikerin! Die sagt auch, dass mir die kreative Ader fehlt!« Ja, für einen Job als Grafikerin — aber vielleicht reicht es zur Kontakterin? Die arbeitet nämlich eng mit den Kreativen zusammen. Viele Kontakterinnen leben so ihre kreativen Ambitionen aus.

Begraben Sie Ihre Träume nicht zu früh. Glauben Sie den Kassandras nicht zu schnell. Bleiben Sie neugierig und überprüfen Sie Ihre Ängste an der Realität, an überprüfbaren Tatsachen: Woher weiß ich, was ich befürchte? Wie zuverlässig ist das? Lässt sich die Annahme durch eine Recherche oder Nachforschungen erhärten? Kann das eine zweite, dritte Quelle bestätigen?

Neugier ist besser als Skepsis. Fakten sind besser als Ängste. Optimismus ist am Anfang immer besser als Pessimismus. Denn Pessimismus verführt zu Passivität. Wer passiv ist, tut nichts. Und wenn frau nichts macht, kann auch nichts herauskommen. Machen wird belohnt. Optimismus kann unberechtigt sein — aber wenigstens wird frau dann aktiv. Und erreicht was. Optimismus schafft sich oft selbst jene Chancen und Wege, von denen er träumt.

Ich erinnere mich an eine junge Textildesignerin. Als in den 1980er Jahren die Textilbranche in Deutschland von der ersten großen Offshoring-Welle stark dezimiert wurde, bekam sie keinen Job mehr in der Branche. Also bewarb sie sich bei einem deutschen Automobilhersteller. All ihre Bekannten, die Familie, Freunde und Kommilitonen sagten: »Bist du verrückt? Bei Autos geht es um Motoren, Getriebe, Karosserien, Lack und Marketing! Da hast du keine Ahnung von!« Selbst der Personaler, der sie interviewte, fragte sie verdutzt: »Sie haben Textil studiert! Was verstehen Sie denn von Autos?« Sie sagte trocken: »Sie haben Autos studiert. Dass Sie nichts vom Textilen verstehen, sieht man an Ihren Sitzbezügen. Die wirken wie aus den Sechzigern.« Und sie unterbreitete einige Vorschläge. Sie wurde vom Fleck weg eingestellt.

In meinem Alter?

Soll ich mich tatsächlich noch einmal bewerben? In meinem Alter? Oder: *Bei uns in der Branche geht es gerade abwärts. Da stellt doch keiner ein!* Oder: *Mit meinem Lebenslauf ist das doch sowieso aussichtslos!* Zweifel und Skepsis sind normal, sind menschlich, manche würden sagen typisch weiblich. Daran ist nichts falsch. Falsch ist, wie wir oft damit umgehen. Wir glauben unseren Ängsten, nehmen sie für bare Münze und bewerben uns nicht. Anstatt sie an der Realität zu überprüfen: Wer sagt das? Bloß ich? Oder auch andere? Haben sie recht? Stimmt das wirklich? Lässt sich das überprüfen und erhärten? Auch anhand von einer zweiten, dritten Quelle?

Zweifel und Skepsis sind gut und normal, aber wir sollten uns nicht von ihnen unser Leben diktieren lassen. Besser als zu zweifeln: Alle erreichbaren Optionen aufzuspüren, zu untersuchen und dann jene zu nutzen, die sich jeder von uns bieten, wenn wir nur ernsthaft genug danach suchen. Der innere Dialog sollte also immer so laufen:
Ach, das geht sicher nicht!
Hast du das probiert?
Nein.
Dann jammer nicht rum, sondern probier das!
Ernsthaft?
Ja, was denn sonst. Wenn es danach immer noch nicht geht, dann gebe ich dir recht.

Das wird nie der Fall sein. Denn wenn man etwas versucht, kommt man immer weiter. Selbst wenn es beim ersten Schritt nicht funktioniert, kennt man wenigstens den nächsten.

Natürlich können Sie sich auch in Resignation verkriechen. Aber davon haben Sie sicher nichts …

Fordern Sie sich!

Wir leben in bewegten Zeiten. Alles ändert sich. Teilweise geht das drastisch und schnell vor sich. Überall wird zum Beispiel digitalisiert. Vielleicht sind Sie froh, dass Sie sich in vieles Neue nicht einarbeiten müssen: *Die lassen mich damit in Ruhe!* Doch das ist eine trügerische Ruhe. Selbst wenn Ihre aktuelle Kompetenz momentan reicht – für den nächsten Job oder die nächste Anforderung, die ganz sicher kommen wird, reicht sie möglicherweise nicht mehr. Man sollte nie bequem, nie saturiert werden, sondern immer in Kontakt mit neuen Entwicklungen, auf der Höhe der Zeit bleiben.

Das heißt nicht, dass Sie wegen jeder neuen Technologie gleich ein Zusatzstudium ablegen sollen! Es gibt so viele andere Möglichkeiten, um up to date zu bleiben: Sie können sich als Teammitglied in einem entsprechenden Projekt melden oder für eine Arbeitsgruppe. Sie können selbst ein kleines Projekt starten. Sie können Seminare und Schulungen besuchen oder Teilaufgaben in einem neuen Gebiet übernehmen. Damit fördern Sie nicht nur Ihre Kompetenzentwicklung, wie das heute heißt, sondern es macht sich auch gut bei der nächsten Bewerbung. Ach herrjeh, was denn noch alles? Guter Einwand.

Wenn Sie Ihre eigene Weiterbildung als Zusatzbelastung empfinden, wird Sie das kaum motivieren, den Aufwand auf sich zu nehmen. Besser ist es, wenn Sie das Neue mit Ihren Kernmotiven in Verbindung bringen. Ganz oft höre ich zum Beispiel: »Ich habe eigentlich keine große Lust, schon wieder auf eine Schulung zu gehen. Aber wer sich meldet, kriegt Punkte und mehr Punkte bedeuten mehr Jahresbonus!« Geld als Motivator ist okay. Noch besser sind Neugier und Lust auf Neues: *Wer weiß, was sich alles Tolles damit anstellen lässt! Ich möchte das schon gerne ausprobieren!* Oder auch: *Immer derselbe alte Trott – da schläft man ja irgendwann bei der Arbeit ein. Ich mag ein wenig Abwechslung!* Eine tadellose Motivation ist auch: *Solange ich es noch lernen kann und darf, ist es besser, als wenn ich zu lange warte und es dann lernen muss.* Denn dann macht es weitaus weniger Freude. Die Freude verdoppelt sich hingegen, wenn bei Ihrer nächsten Bewerbung der Gesprächspartner erfreut sagt: »Was? Das können Sie auch schon? Genau diese Qualifikation suchen wir!«

Leben heißt Lernen

Was heute Employability heißt, das nannte man früher lebenslanges Lernen. Manche sind von ihren Schuljahren derart geprägt, dass sie alles schrecklich finden, was irgendwie mit Lernen zu tun hat. Und dann auch noch freiwillig! Schütteln Sie diese Selbstblockade ab. So schnell und gründlich wie möglich!

Natürlich wirkt vieles Neue erst einmal bedrohlich — zu Recht. Unsere eingefahrenen Wege geraten in Gefahr. Doch ausnahmsweise dürfen wir an dieser Stelle ein Gefühl ignorieren. Weil es lediglich eine Sichtweise ist, die uns nichts nützt: Natürlich bedroht uns Neues. Aber das wollen wir hier und jetzt einfach mal vergessen und uns nur und ausschließlich auf die Chancen konzentrieren, die sich damit bieten. Also googlen wir, lesen uns ein, gehen auf Schulungen, melden uns für entsprechende Aufgaben und Projekte. Natürlich müssen wir dann hinzulernen. Aber wir konzentrieren uns dabei immer auf die Chancen, den Nutzen, den Lohn, der uns winkt. Und schnell merken wir: Das Neue verliert seine Bedrohung. Die Optionen eröffnen sich, Chancen werden wahr. Das ist der Lohn des Lernens. So soll das sein.

Nachwort zum Lebenstraum

Sie haben das Buch bis zur letzten Seite gelesen? Dann haben Sie meinen Respekt — und die besten Chancen, mehr aus Ihrem (Berufs)Leben zu machen. Denn die meisten Menschen machen das nicht. Sie beklagen ihre aktuelle berufliche Situation. Sie beklagen, wie schwer es doch für Frauen heutzutage immer noch ist. Das ist es. Aber darüber zu jammern macht es nicht besser. Ein kluges Buch zu lesen und sich danach besser, gezielter, bewusster, tatkräftiger zu bewerben — das macht es besser. Aber, wie gesagt: Das muss frau erst mal machen. Sie haben es getan. Glückwunsch. Damit kommen Sie besser voran. Das ist meine Erfahrung aus mehreren Jahrzehnten Coaching-Tätigkeit: Eine Frau, die was macht, erreicht was.

Das lehren mich meine vielen Seminarteilnehmerinnen, Beratungsklientinnen und Coachees. Ihre (anonymisierten!) Geschichten haben Sie in diesem Buch lesen können und ich danke allen für ihr Vertrauen und ihre Anregungen, die sie mir und Ihnen geschenkt haben.

Manche melden sich alle paar Jahre bei mir, wenn sie eine neue Sprosse der Karriereleiter erklimmen wollen. Es ist schön, Zeugin zu sein, was Frauen aus ihrem Leben machen, wie sie sich immer weiter entwickeln, sich bessere Jobs holen, wie sie sich hocharbeiten oder etwas ganz Neues machen, wie sie sich ihre Lebensträume erfüllen. Das ist schön mit anzusehen, schöner noch, wenn frau es selbst erlebt, und am schönsten, wenn Sie das auch für sich erreichen.

Sich zu bewerben ist nicht bloß eine Tätigkeit, sondern dahinter stecken Fähigkeiten, die zu erlernen sich lohnt wie wenig anderes im Leben. Ich wünsche Ihnen viel Erfolg und Freude bei der Verwirklichung Ihrer Träume!

Cornelia Topf

Die Autorin

Dr. Cornelia Topf ist ausgewiesene Expertin für Erfolgskommunikation. Sie unterstützt als internationale und zertifizierte Businesscoachin, Trainerin und Speakerin Menschen bei ihrer Persönlichkeits- und Karriere-Entwicklung, unter anderem durch Führungs-, Verhandlungs-, Rhetorik- und Körpersprache-Trainings.

Die Industriekauffrau und promovierte Wirtschaftswissenschaftlerin ist seit 1988 Geschäftsführerin von »metatalk Kommunikation & Training« in Augsburg und Autorin vieler Fachbücher und Ratgeber rund um die Kommunikation. Ihre Werke sind in zahlreichen Sprachen erschienen.

Weitere Informationen zur Autorin unter www.metatalk-training.de.

Stichwortverzeichnis

A
Absage 34, 44, 49, 136
Achtsamkeit 76
Akzeptanz 20, 47
Anerkennung 30, 51
Anschreiben 30, 55, 61
Appreciative Inquiry 27
Assessment-Center 111
Atomisierung 24
Attributionsstil 133
Ausreißer-Bewerbung 73
Authentizität 102, 128
Autoritäts-Syndrom 24

B
Berufserfahrung 40
Bewältigungsstrategie 132
Bewerbungsabstinenz 36
Bewerbungsfoto 31
Bewerbungsfrust 44
Bounce-back Quality 53

C
Confidence Gap 36

D
Dunning-Kruger-Effekt 42

E
Ego States 72, 95
Eigenlob 42
Einstellung 18, 79, 87, 97, 125, 132, 139
Exkulpationssucht 135

F
Fehlattribution 65, 133
Fiese Fragen 99
Flexibilität 151

G
Gehaltsverhandlung 113
Gelassenheit 132, 152
Gesprächsabbruch 124

H
Hoffnungslosigkeit 135
Humor 132

I
Impostor-Syndrom 41
Initiativbewerbung 32, 51
Innerer Dialog 51
Interne Ausschreibung 62

K
Kinderbetreuung 90
Kleidung 101
Konstruktiver Innerer Dialog (KID) 51
Kontakt halten 146
Kreativität 154

L
Lampenfieber-Soforthilfe 79
Lücken im Lebenslauf 67

M
Marotten 105
Mentalhygiene 133
Motivationsschreiben 58, 63
Musterformulierungen 85
Mut 39

N
Nachfassen 137

O
Online-Bewerbung 69

P
Prokrastination 23

R
Rapport 104
Reality-Check 48
Rechtfertigungssucht 135
Reflexion 16
Reframing 18
Rollenverständnis 148

S
Schmerzgrenze 120
Schreibfrust 55
Selbstakzeptanz 50
Selbstsabotage 59
Selbstvorwurf 19
Selbstwertgefühl 36, 42, 139
Selbstzweifel 52, 86
Self-Appreciation 42
Self-Coaching 76
Self-Compassion 139
Self-Talk 50
Sexismus 110
Solidarität unter Frauen 46
Stressresistenz 99

T
Tricks der Interviewer 121

U
Überzeugungsarbeit 153

V
Vier-Augen-Prinzip 56
Volition 99

W
Wiedereinstieg 52, 141
Worst Case 90
Würdigung 19

Z
Zeit 22
Zürcher Ressourcen Modell (ZRM) 52, 79
Zwischenzeugnis 27

HAUFE.

Ihr Feedback ist uns wichtig!
Bitte nehmen Sie sich eine Minute Zeit

www.haufe.de/feedback-buch

Exklusiv für Buchkäufer!

Ihre Arbeitshilfen zum Download:
- ▶ http://mybook.haufe.de
- ▶ Buchcode: GHS-4387